朱子家训 增广贤文

九十年代，"国学"热再次欣起直至今，无不是今人对于传统文化的反思与正视。于今而言，则正是对传统文化在中国乃至世界多元文化中的重新定位。

中国的旧学在现代文明面前一败涂地，曾国藩继承明儒传统，身体力行，通经致用，后来又有张之洞提出"中学为体、西学为用"，力图调和传统与现实的阴阳关系。后来学术界兴起一整理国故的热潮，虽然与当时历史条件看似不协调，

的第四部，可谓快弘壮阔，蔚为大观。国学不仅是中华人文知识之大度，又是中华文明的承载者、推动者。中华国运日渐昌隆，国学的价值正走向回归。国学的情随在原典、在先秦诸子百家之思起。

国学以学科分，其中以儒家哲学为主流，以诸起之方，立方为先秦诸子、两汉经学、魏晋玄学、隋唐佛学、宋明理学、乾嘉朴学等。其中以儒家哲学为主流，以诸起之方，立方为哲学、史学、宗教学、文学、礼俗学、考据学、伦理学

朱用纯◎原著　　**赵　萍**◎主编

吉林大学出版社

图书在版编目（CIP）数据

朱子家训·增广贤文／赵　萍主编. —长春：吉林大学出版社，2010. 5

（无障碍读国学）

ISBN 978 - 7 - 5601 - 5787 - 0

Ⅰ. ①朱…　Ⅱ. ①赵…　Ⅲ. ①汉语—古代—启蒙读物②朱子家训—注释③增广贤文—注释　Ⅳ. ①H194. 1

中国版本图书馆 CIP 数据核字（2010）第 090028 号

书名：无障碍读国学　朱子家训·增广贤文

作者：赵萍　主编

责任编辑、责任校对：曲天真　　　　　　　　　封面设计：凤苑阁设计

吉林大学出版社出版、发行　　　　　　　　　北京中振源印务有限公司　印刷

开本：787×1092 毫米 1/16　　　　　　　　　2010 年 07 月第 1 版

印张：10　字数：150 千字　　　　　　　　　2019 年 1 月第 5 次印刷

ISBN 978 - 7 - 5601 - 5787 - 0　　　　　　　定价：29. 80 元

社址：长春市明德路 421 号　　邮编：130021

发行部电话：0431 - 88499826

网址：http：//www. jlup. com. cn

E - mail：jlup@ mail. jlu. edu. cn

目 录 Contents

目 录 Contents

无障碍读国学

朱 子 家 训

【简介】

《朱子家训》亦称《朱柏庐治家格言》，简称《治家格言》。

作者朱用纯，字致一，自号柏庐，江苏省昆山县人，生于明万历四十五年（1617年）。其父朱集璜是明末的学者。

朱用纯始终未入仕，康熙年间有人要推荐他参加朝廷博学鸿词科的考试，固辞乃免。其一生研究程朱理学，主张知行并进，其著作有《删补易经蒙引》《四书讲义》《耻躬堂诗文集》《愧讷集》《朱子家训》和《大学中庸讲义》等，其中以506字的《朱子家训》最有影响，三百年来脍炙人口，家喻户晓。

《朱子家训》以"修身"、"齐家"为宗旨，集儒家做人处世方法之大成，思想植根深厚，含义博大精深，是现代人"修身"、"齐家"获益的必备知识宝库。

【原文】

黎明①即起，

洒扫庭除②，

要内外整洁。

即昏便息，

关锁门户③，

必亲自检点④。

一粥一饭，

当思来之不易；

半丝半缕，

恒⑤念物力维艰。

宜未雨而绸缪⑥，

毋临渴而掘井。

自奉⑦必须俭约，

宴客切勿留连。

器具质而洁，

瓦缶⑧胜金玉；

饮食约⑨而精，

园蔬愈⑩珍馐。

勿营华屋，

勿谋良田。

三姑六婆⑪，

实淫盗之媒⑫；

婢美妾娇，

非闺房之福。

童仆勿用俊美，

妻妾切勿艳妆。

宗祖虽远，

祭祀不可不诚；

子孙虽愚，

经书⑬不可不读。

居身务期质朴，

教子要有义方⑭。

勿贪意外之财，

无障碍读国学

勿饮过量之酒。

与肩挑贸易⑮，

勿占便宜。

见穷苦亲邻，

须多温恤⑯。

刻薄成家，

理无久享；

伦常乖舛⑰，

立见消亡。

兄弟叔侄，

须分多润寡⑱；

长幼内外，

宜法肃辞严。

听妇言，

乖骨肉⑲，

岂是丈夫。

重资财，

薄父母，

不成人子。

嫁女择佳婿，

勿索重聘[20]；

娶媳求淑女，

勿计厚奁[21]。

见富贵而生谄容[22]者，

最可耻；

遇贫穷而作骄态者，

贱莫甚。

居家戒争讼[23]，

讼则终凶；

处世戒多言，

言多必失。

勿恃[24]势力，

而凌逼孤寡[25]，

毋贪口腹，

而恣杀牲禽。

乖僻自是[26]，

悔误必多；

颓惰自甘[27]，

家道难成。

狎昵㉘恶少，

久必受其累㉙；

屈志老成㉚，

急则可相依。

轻听发言㉛，

安知非人之谮诉㉜，

当忍耐三思。

因事相争，

焉知非我之不是，

须平心暗想。

施惠无念，

受恩莫忘㉝。

凡事当留余地，

得意不宜再往。

人有喜庆，

不可生妒嫉心；

人有祸患，

不可生喜幸心。

善欲人见，

不是真善㉞。

恶恐人知，

便是大恶。

见色而起淫心，

报在妻女。

匿怨而用暗箭，

祸延子孙。

家门和顺，

虽饔飧㉟不济，

亦有余欢。

国课㊱早完，

即囊橐㊲无余，

自得至乐。

读书志在圣贤，

非徒科第。

为官心存君国，

岂计身家。

守分安命，

顺时听天；

为人若此，

庶乎㊳近焉。

【注释】

①黎明：黎是黑色，黑夜与白昼交接的一段时间叫黎明。

②庭除：门前面的台阶叫庭除。刘兼诗："月移花影过庭除。"

③门户：古代把双扇的叫门，单扇

的叫户。

④检点：细心察看。

⑤恒：常常。

⑥绸缪（chóu móu）：《诗经·豳风·鸱鸮》："迨天之未阴雨，彻彼桑土，绸缪牖户。"这里指做好雨前的各种准备工作，即后世"未雨绸缪"之意。

⑦自奉：对自己的奉养，也就是自己的生活消费。

⑧瓦缶：是一种瓦质容器，俗称瓦罐。

⑨约：简约，简要，在这里当"简单"讲。

⑩愈：超过。

⑪三姑六婆：据陶宗仪《辍耕录》，三姑指尼姑、道姑、卦姑，六婆指牙婆、媒婆、师婆、虔婆、药婆、稳婆。

⑫媒：媒介，双方进行联系的中间人。

⑬经书：经是指《五经》，即《诗经》、《书经》、《易经》、《礼记》、《春秋》。书是指《四书》，即《论语》、《孟子》、《大学》、《中庸》。

⑭义方：合乎义理的法则。《左传》上说："臣闻爱子，教子以义方。"义方就是指教导子弟的正确方法。

⑮与肩挑贸易：肩挑，指肩挑货物到处销售者。贸易，以金钱或货物交换货物，俗称买卖。

⑯温恤：温，指温存，殷切慰问。恤，抚恤。

⑰伦常乖舛（chuǎn）：伦是指人伦，即君臣、父子、夫妇、兄弟、朋友。常是指五常，即仁、义、礼、智、信。伦常就是人类相处的伦理道德。乖舛，乖是冲突的意思，舛是错乱的意思。

⑱分多润寡：分多，是从多的里边分出一部分，即把多的减少。润寡，润是修饰，这里应理解成增添的意思，寡是少。润寡是在少的部分再增添一些。

⑲乖骨肉：乖是冲突、矛盾的意思。骨肉，是比喻至亲。《吕氏春秋·精通》："父母之于子也，子之于父母也，一体而两分，同气而异息……痛疾相救，忧思相

感，生则相欢，死则相哀，此之谓骨肉之亲。"此句可译为：乖离骨肉之情。

⑳勿索重聘：勿，不可以。索，索要、讨取。重聘，订婚的礼物叫聘金，大量的聘金叫重聘。

㉑奁(liǎn)：嫁妆，旧时为嫁女而置备的衣物、用具。李清照《凤凰台上忆吹箫》词："任宝奁尘满，日上帘钩。"

㉒谄(chǎn)容：逢迎讨好的言语和表情，俗称"拍马屁"。

㉓居家戒争讼：居，平常。戒，防止、避免。争讼，由互相争执引起的诉讼官司。

㉔恃：依赖，倚仗。

㉕凌逼孤寡：凌逼，欺凌逼迫。孤，失去父亲的孩子叫孤；寡，失去丈夫的女人叫寡。

㉖乖僻自是：乖僻是形容一个人言行怪异。自是，自以为正确。这句的意思是一个性情古怪偏激的人常常认为自己的所作所为是对的。

㉗颓惰自甘：颓，是颓废，精神不振作。惰，是懒惰。自甘，自己甘心情愿。

㉘狎昵(xiá nì)：不拘礼节的亲近叫狎昵。恶少，即行为不良的少年。

㉙久必受其累：累，牵涉、牵连。这一句的意思是如果与不良少年交往亲密，日子久了必定会受他的连累。

㉚屈志老成：屈志就是屈就的意思，高才任低职叫屈就。老成：《诗经·大雅》："虽无老成人，尚有典刑。"老成即老成持重的正人君子。

㉛轻听发言：轻听。轻易相信别人说的话。发言，发表自己的意见。

㉜谮(zèn)诉：以虚伪的事实诬陷别人叫谮诉。

㉝施惠无念，受恩莫忘：施予恩惠于人，不要牢记在心；接受别人的恩惠，要牢记报答。

㉞善欲人见，不是真善：善指行善，即做好事。欲，希望。这一句的意思是一个人做了好事想要别人知道，这不是真正地做好事。

㉟饔飧(yōng sūn)：早餐叫饔，晚餐则叫飧。饔飧是一日三餐的意思。

㊱国课：国家规定的租税。

㊲囊橐(náng tuó)：大袋叫囊，小袋叫橐。

㊳庶乎：差不多，即几乎。

增 广 贤 文

【简介】

　　《增广贤文》原名《昔时贤文》，亦称《古今贤文》，或简称《增广》。

　　《增广贤文》不知辑自何人，始于何时，相传由明中叶一儒生编纂，后经明末清初士人增补而成。自清后期以来，即风靡全国，影响极大，几乎家喻户晓，妇孺皆知，人称"读了《增广》会说话。"

　　此书语句精辟，琅琅上口，通俗易懂，一经成诵，便终身不忘。这些格言警句有的集自雅句，有的采自谚语，所谓有文言、有俗言、有直言、有婉言，有劝善言、勉诫言、在家出家言，有仕宦治世言、隐逸出世言，士农工商无一不备。

　　在通行的本子之外，多有重订，其中有清硕果山人的《训蒙增广改本》和清同治时老学究以平上去入四韵重定的《重定增广》，在此一并收录。

【原文】

昔时贤文，诲汝谆谆。

集韵增广，多见多闻。

观今宜鉴古，无古不成今。

知己知彼，将心比心。

酒逢知己饮，诗向会人吟。

相识满天下，知心能几人。

相逢好似初相识，

到老终无怨恨心。

近水知鱼性，近山识鸟音。

易涨易退山溪水，

易反易覆小人心。

运去金成铁，时来铁似金。

读书须用意，一字值千金。

逢人且说三分话，

未可全抛一片心。

有意栽花花不发，

无心插柳柳成荫。

画虎画皮难画骨，

知人知面不知心。

钱财如粪土，仁义值千金。

流水下滩非有意，

白云出岫本无心①。

当时若不登高望，

谁识东流海样深。

路遥知马力，事久见人心。

马行无力皆因瘦，

人不风流只为贫。

饶人不是痴汉，

痴汉不会饶人。

是亲不是亲，非亲却是亲。

美不美，乡中水；

亲不亲，故乡人。

相逢不饮空归去，

洞口桃花也笑人。

为人莫作亏心事，

半夜敲门心不惊。

俩人一条心，有钱堪买金；

一人一条心，无钱堪买针②。

莺花犹怕春光老，

岂可教人枉度春③。

黄金无假，阿魏无真④。

客来主不顾，唯恐是痴人。

贫居闹市无人问，

富在深山有远亲。

谁人背后无人说，

哪个人前不说人。

有钱道真语，无钱语不真，

不信但看筵中酒，

杯杯先劝有钱人。

闹里有钱，静处安身。

来如风雨，去似微尘。

长江后浪催前浪，

世上新人赶旧人。

近水楼台先得月，

向阳花木早逢春。

古人不见今时月，

今月曾经照古人。

先到为君，后到为臣。

莫道君行早，更有早行人。

莫信直中直，须防仁不仁⑤。

朱子家训增广贤文

山中有直树，世上无直人。

自恨枝无叶，莫怨太阳倾。

一年之计在于春，

一日之计在于寅⑥，

一家之计在于和，

一生之计在于勤。

责人之心责己，

恕己之心恕人。

守口如瓶，防意如城⑦。

宁可人负我，切莫我负人。

再三须重事，第一莫欺心⑧。

虎生犹可近，人熟不堪亲⑨。

来说是非者，便是是非人。

远水难救近火，

远亲不如近邻

有茶有酒多兄弟，

急难何曾见一人。

人情似纸张张薄，

世事如棋局局新。

山中也有千年树，

世上难逢百岁人。

力微休负重，言轻莫劝人。

无钱休入众，遭难莫寻亲。

平生莫作皱眉事，

世上应无切齿人。

士者国之宝，儒为席上珍。

若要断酒法，醒眼看醉人。

求人须求大丈夫，

济人须济急时无。

渴时一滴如甘露，

醉后添杯不如无。

久住令人贱，频来亲也疏。

酒中不语真君子，

财上分明大丈夫。

积金千两，不如明解经书。

养子不教如养驴，

养女不教如养猪。

有田不耕仓廪虚，

有书不读子孙愚。

仓廪虚兮岁月乏，

子孙愚兮礼义疏。

同君一席话，胜读十年书。

人不通古今，马牛如襟裾⑩。

茫茫四海人无数，

哪个男儿是丈夫⑪。

美酒酿成缘好客，

黄金散尽为收书⑫。

救人一命，

胜造七级浮屠⑬。

城门失火，殃及池鱼⑭。

庭前生瑞草，好事不如无⑮。

欲求生富贵，须下死功夫。

百年成之不足，

一旦败之有余。

人心似铁，官法如炉。

善化不足，恶化有余。

水太清则无鱼，

人太察则无谋。

知者减半，愚者全无。

痴人畏妇，贤女敬夫。

是非终日有，不听自然无。

宁可正而不足，

不可邪而有余。

宁可信其有，不可信其无。

竹篱茅舍风光好，

道院僧房总不如。

命里有时终须有，

命里无时莫强求。

道院迎仙客，书堂隐相儒。

庭栽栖凤竹，池养化龙鱼。

结交须胜己，似我不如无。

但看三五日，相见不如初。

人情似水分高下，

世事如云任卷舒。

会说说都是，不会说无礼⑯。

磨刀恨不利，刀利伤人指。

求财恨不多，财多反害己。

知足常足，终身不辱。

知止常止，终身不耻。

有福伤财，无福伤己。

差之毫厘，失之千里。

若登高必自卑，

若涉远必自迩⑰。

三思而行，再思可矣。

使口不如自走，

求人不如求己。

小时是兄弟，长大各乡里。

嫉财莫嫉食，怨生莫怨死。

人见白头嗔，我见白头喜。

多少少年亡，不到白头死。

墙有逢，壁有耳。

好事不出门，恶事传千里。

贼是小人，智过君子。

君子固穷，

小人穷斯滥矣。

贫穷自在，富贵多忧。

不以我为德，反以我为仇。

宁可直中取，不向曲中求。

人无远虑，必有近忧。

知我者谓我心忧，

不知我者谓我何求。

晴天不肯去，直待雨淋头。

成事莫说，覆水难收。

是非只为多开口，

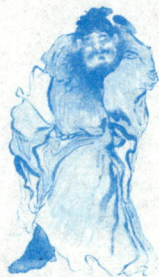

烦恼皆因强出头。

忍得一时之气，

免得百日之忧。

惧法朝朝乐，欺公日日忧。

人生一世，草生一春。

黑发不知勤学早，

转眼便是白头翁。

月过十五光明少，

人到中年万事休。

儿孙自有儿孙福，

莫为儿孙作马牛。

人生不满百，常怀千岁忧。

今朝有酒今朝醉，

明日愁来明日忧。

路逢险处难回避，

事到头来不自由。

药能医假病，酒不解真愁。

人贫不语，水平不流。

一家养女百家求，

一马不行百马忧。

有花方酌酒，无月不登楼。

三杯通大道，一醉解千愁。

深山毕竟藏猛虎，

大海终须纳细流。

惜花须检点，爱月不梳头⑱。

大抵选他肌骨好，

不擦红粉也风流。

受恩深处宜先退，

得意浓时便可休。

莫待是非来入耳，

从前恩爱反成仇。

留得五湖明月在，

不愁无处下金钩。

休别有鱼处，莫恋浅滩头。

去时终须去，再三留不住。

忍一句，息一怒；

饶一着，退一步。

三十不豪，四十不富，

五十将近寻死路。

生不论魂，死不认尸。

一寸光阴一寸金，

寸金难买寸光阴，

父母恩深终有别，

夫妻义重也分离。

人生似鸟同林宿，

大限来时各自飞。

人善被人欺，马善被人骑。

人恶人怕天不怕，

人善人欺天不欺。

善恶到头终有报，

只争来早与来迟。

黄河尚有澄清日，

岂可人无得运时。

得宠思辱,居安思危。

念念有如临敌日,

心心常似过桥时。

英雄行险道,富贵似花枝。

人情莫道春光好,

只怕秋来有冷时。

送君千里,终有一别。

但将冷眼看螃蟹,

看你横行到几时。

闲事休管,无事早归。

假缎染就真红色,

也被旁人说是非。

善事可作,恶事莫为。

许人一物,千金不移。

龙生龙子,虎生虎儿。

龙游浅水遭虾戏,

虎落平阳被犬欺。

一举首登龙虎榜⑲,

十年身到凤凰池⑳。

十载寒窗无人问,

一举成名天下知。

酒债寻常行处有,

人生七十古来稀。

养儿待老,积谷防饥。

当家才知盐米贵,

养子方知父母恩。

常将有日思无日，

莫把无时当有时。

时来风送滕王阁㉑，

运去雷轰荐福碑㉒。

入门休问荣枯事，

观看容颜便得知。

官清书吏瘦，神灵庙祝㉓肥。

息却雷霆之怒，

罢却虎狼之威。

饶人算之本，输人算之机㉔。

好言难得，恶语易施。

一言既出，驷马难追㉕。

道吾好者是吾贼，

道吾恶者是吾师。

路逢侠客须呈剑，

不是才人莫献诗。

三人行必有我师焉。

择其善者而从之，

其不善者而改之。

欲昌和顺须为善，

要振家声在读书。

少壮不努力，老大徒伤悲。

人有善愿，天必佑之。

莫饮卯时㉖酒，昏昏醉到西。

莫骂酉时㉗妻，一夜受孤凄。

种麻得麻，种豆得豆。

天网恢恢，疏而不漏。

见官莫向前，做客莫在后。

宁添一斗，莫添一口。

螳螂捕蝉，

岂知黄雀在后。

不求金玉重重贵，

但愿儿孙个个贤。

一日夫妻，百世姻缘。

百世修来同船渡，

千世修来共枕眠。

杀人一万，自损三千。

伤人一语，利如刀割。

枯木逢春犹再发，

人无两度再少年。

未晚先投宿，鸡鸣早看天。

将相顶头堪走马，

公侯肚内好撑船。

富人思来年，穷人思眼前。

世上若要人情好，

赊去物件不取钱。

死生有命，富贵在天。

击石原有火，不击乃无烟。

为学始知道，不学亦枉然。

莫笑他人老，终须还到老。

和得邻里好，犹如拾片宝。

但能依本分，终须无烦恼。

大家做事寻常，

小家做事慌张。

大家礼义教子弟，

小家凶恶训儿郎。

君子爱财，取之有道；

贞妇爱色，纳之以礼。

善有善报，恶有恶报；

不是不报，日子未到。

万恶淫为首，百行孝当先。

人而不信，不知其可也。

一人道虚，千人传实。

凡事要好，须问三老㉘。

若争小得，便失大道。

家中不和邻里欺，

邻里不和说是非。

年年防饥，夜夜防盗。

好学者如禾如稻，
不好学者如蒿如草。
遇饮酒时须饮酒，
得高歌处且高歌。
因风吹火，用力不多。
不因渔父引，怎得见波涛。
无求到处人情好，
不饮任他酒价高。
知事少时烦恼少，
识人多处是非多。
世间好语书说尽，
天下名山僧占多。
入山不怕伤人虎，
只怕人情两面刀。
强中更有强中手，
恶人终受恶人磨。
会使不在家豪富，
风流不在着衣多。
光阴似箭，日月如梭。
天时不如地利，
地利不如人和。
黄金未为贵，安乐值钱多。
为善最乐，为恶难逃。
羊有跪乳之恩，
鸦有反哺之义。
孝顺还生孝顺子，

忤逆还生忤逆儿，
不信但看檐前水，
点点滴滴旧窝池。
隐恶扬善，执其两端。
妻贤夫祸少，子孝父心宽。
人生知足何时足，
到老偷闲且是闲。
但有绿杨堪系马，
处处有路通长安。
既堕釜甑，反顾何益。
反覆之水，收之实难。
见者易，学者难。
莫将容易得，但作等闲看。
用心计较般般错，
退步思量事事宽。
道路各别，养家一般。
从俭入奢易，从奢入俭难。
知音说与知音听，
不是知音莫与弹。
点石化为金，人心犹未足。
信了肚，卖了屋。
他人睆睆，不涉你目；
他人碌碌，不涉你足。
谁人不爱子孙贤，
谁人不爱千钟粟。
奈五行㉙，

不是这般题目。

莫把真心空计较,

儿孙自有儿孙福。

天下无不是的父母,

世上最难得者兄弟。

与人不和,劝人养鹅㉚。

与人不睦,劝人架屋㉛。

但行好事,莫问前程。

不交僧道,便是好人。

河狭水激,人急计生。

明知山有虎,莫向虎山行。

路不铲不平,事不为不成。

人不劝不善,钟不敲不鸣。

无钱方断酒,临老始看经。

点塔七层,不如暗处一灯。

堂上二老是活佛,

何用灵山朝世尊㉜。

万事劝人休瞒昧,

举头三尺有神明㉝。

但存方寸土,留与子孙耕。

灭却心头火,剔起佛前灯㉞。

惺惺㉟常不足,蒙蒙㊱作公卿。

众星朗朗,不如孤月独明。

兄弟相害,不如友生。

合理可作,小利莫争。

牡丹花好空入目,

枣花虽小结实成。
随分耕锄收地利，
他时饱满谢苍天。
得忍且忍，得耐且耐。
不忍不耐，小事成大。
相论逞英豪，家计渐渐消。
贤妇令夫贵，恶妇令夫败。
一人有庆，兆③民咸赖。
人老心不老，人穷志不穷。
人无千日好，花无百日红。
杀人可恕，情理难容。
乍富不知新受用，
乍贫难改旧家风。
座上客常满，杯中酒不空。
屋漏更遭连夜雨，
行船又遇打头风。
笋因落箨㊳方成竹，
鱼为奔波始化龙。
曾记少年骑竹马，
看看又是白头翁。
礼义生于富足，
盗贼出于赌博。
天上众星皆拱北，
世间无水不朝东。
君子安贫，达人知命。
良药苦口利于病，

忠言逆耳利于行。

顺天者存，逆天者亡。

人为财死，鸟为食亡。

夫妻相和好，琴瑟与笙簧。

善必寿考，恶必早亡。

爽口食多偏作病，

快心事过恐生殃，

富贵定要依本分，

贫穷不必再思量。

画水无风空作浪，

绣花虽好不闻香。

贪他一斗米，失却半年粮。

争他一脚豚，反失一肘羊。

龙归晚洞云犹湿，

麝过春山草木香。

平生只会说人短，

何不回头把己量。

见善如不及，见恶如探汤㊲。

人穷志短，马瘦毛长。

自家心里急，他人不知忙。

贫无达士将金赠，

病有高人说药方。

触来莫与竞，事过心清凉㊵。

秋至满山多秀色，

春来无处不花香。

凡人不可貌相，

海水不可斗量。

清清之水为土所防，

济济之士为酒所伤。

蒿草之下还有兰香，

茅茨之屋或有侯王。

无限朱门生饿殍，

几多白屋出公卿㊶。

醉后乾坤大，壶中日月长。

万事皆已定，浮生空自忙。

千里送毫毛，礼轻仁义重。

世事明如镜，前程暗似漆。

架上碗儿轮流转，

媳妇自有做婆时。

人生一世，如驹过隙㊷。

良田万顷，日食一升。

大厦千间，夜眠八尺。

千经万典，孝悌为先。

一字入公门，九牛拖不出。

八字衙门向南开，

有理无钱莫进来。

富从升合起，贫因不算来㊸。

家无读书子，官从何处来。

人间私语，天闻若雷。

暗室亏心，神目如电㊹。

一毫之恶，劝人莫作。

一毫之善，与人方便。

欺人是祸，饶人是福。

天眼昭昭，报应甚速。

圣贤言语，神钦鬼服。

人各有心，心各有见。

口说不如身逢，

耳闻不如眼见。

养兵千日，用兵一时。

国清才子贵，家富小儿娇。

利刀割体疮犹合，

恶语伤人恨不消。

有钱堪出众，无衣懒出门。

公道世间唯白发，

贵人头上不曾饶。

为官须作相，及第必争先。

苗从地发，树由枝分。

父子亲而家不退，

兄弟和而家不分。

官有公法，民有私约。

闲时不烧香，急时抱佛脚。

幸生太平无事日，

恐防年老不多时。

国乱思良将，家贫思贤妻。

池塘积水须防旱，

田土深耕足养家。

根深不怕风摇动，

树正何愁月影斜。

学在一人之下，
用在万人之上。
一字为师，终身如父。
忘恩负义，禽兽之徒。
劝君莫将油炒菜，
留与儿孙夜读书。
书中自有千钟粟，
书中自有颜如玉。
莫怨天来莫怨人，
五行八字命生成。
莫怨自己穷，
穷要穷得干净；
莫羡他人富，
富要富得清高。
别人骑马我骑驴，
仔细思量我不如，
待我回头看，还有挑脚汉。
路上有饥人，家中有剩饭。
积德与儿孙，要广行方便。

作善鬼神钦,作恶遭天遣。

积钱积谷不如积德,

买田买地不如买书。

一日春工十日粮,

十日春工半年粮。

疏懒人没吃,勤俭粮满仓。

人亲财不亲,财利要分清。

十分伶俐使七分,

常留三分与儿孙,

若要十分都使尽,

远在儿孙近在身。

君子乐得做君子,

小人枉自做小人。

好学者则庶民之子为公卿,

不好学者则公卿之子为庶民。

惜钱莫教子,护短莫从师。

记得旧文章,便是新举子。

人在家中坐,祸从天上落。

但求心无愧,不怕有后灾。

只有和气去迎人,

那有相打得太平。

忠厚自有忠厚报,

豪强一定受官刑。

人到公门正好修,

留些阴德在后头。

为人何必争高下,

一旦无命万事休。

山高不算高，人心比天高。

白水变酒卖，还嫌猪无糟。

贫寒休要怨，富贵不须骄。

善恶随人作，祸福自己招。

奉劝君子，各宜守己，

只此呈示，万无一失。

【注释】

①白云出岫（xiù）本无心：岫，峰峦，山谷。行云流水，自由自在，下滩就低，飘忽出岫，原于自然之性，并没有什么目的。

②"俩人……堪买针"句：只要两人齐心合力，那么任何事都可以办得到，如果离心离德，那么就会一事无成。

③"莺花……枉度春"句：黄莺鲜花还怕春光消逝，我们怎能让青春虚度。

④黄金无假，阿魏无真：黄金是货真价实的东西，而阿魏这种药却没有真正正宗的。阿魏，药名，本出自天竺、波斯等地，传入我国后江浙多种之，断其树枝，汁出如饴，纳其汁于竹筒中，日久坚凝，即成阿魏。

⑤莫信直中直，须防仁不仁：不要相信那些吹嘘自己正直的人，更要防备那些自我标榜仁义的人。

⑥寅：古代以地支记时，寅时等于现在凌晨三时至五时。

⑦守口如瓶，防意如城：紧闭着嘴不乱说如同瓶口加盖，遏止私欲、自我要求严格如守城防敌。

⑧再三须重事，第一莫欺心：凡事都不能掉以轻心，但首要的是不要欺骗自己。

⑨虎生犹可近，人熟不堪亲：活的老虎还可以接近，但狠毒的人千万不要去亲近。

⑩人不通古今，马牛如襟裾（jīn jū）：襟裾，人穿的衣服，这里指人。一个人如果不通古今知识，那么就和牛马没有什么两样了。

⑪丈夫：男子的通称，这里指有气节有作为的人。

⑫美酒酿成缘好客,黄金散尽为收书:酿造美酒是因为乐于接待客人,黄金用完是因为购买书籍。

⑬浮屠:佛教建筑形式,即现在所说的塔,梵语"窣堵坡",又称浮屠、浮图。这种建筑最初为供奉佛骨之用,后来也用于供奉佛像、收藏佛经或保存僧人遗体。

⑭城门失火,殃及池鱼:比喻不相干的东西牵累受祸。

⑮庭前生瑞草,好事不如无:古人认为福为祸所依,祸为福所伏。庭院里长出了象征祥瑞的草,本来是好事,但随之而来的可能会有一场灾难,所以说有好事还不如没有。

⑯会说说都是,不会说无礼:会说话的人所说的话都是有礼貌的,不会说话的人所说的话都是没有礼貌的。

⑰若登高必自卑,若涉远必自迩(ěr):如果想登上高山,一定要从最低的地方起步;如果要走远路,一定要从最近的一步走起。卑,低处。迩,近处。

⑱惜花须检点,爱月不梳头:爱惜鲜花须约束自己的行为,不攀折花枝;爱惜月亮不能把它作为镜子去梳头。

⑲龙虎榜:唐贞观八年(634年),欧阳詹与韩愈等人于陆贽榜联第,詹等皆有文名,时称龙虎榜。后来因此指会试中选如登龙虎榜。

⑳凤凰池:原指禁中池沼,魏晋时称中书省为凤凰池,权重在尚书上,唐制,宰相称同中书门下平章事,故诗文中多以凤凰池指宰相。

㉑滕王阁:旧址在江西新建县西章江门上,唐咸亨二年(671年),州牧宴僚属于阁上,王勃省父适过此地,参加宴会,作《滕王阁序》,从此扬名天下。

㉒荐福碑:相传宋朝范仲淹镇守鄱阳时,有一书生献诗,说自己一生贫寒,无人可比,范仲淹见其字秀,叫他去临摹荐福寺之碑文,可售高价。当夜,有雷击碎荐福碑。

㉓庙祝:庙中管理香火的人。

㉔饶人算之本,输人算之机:饶恕别人是考虑问题的根本,承认不如别人是考虑问题的关键。

㉕一言既出,驷马难追:一句话说出了口,就是套上四匹马拉的车也难追上。

㉖卯时:上午五时至七时。

㉗酉时:下午五时至七时。

㉘三老:秦置乡三老。汉并置县三老、郡三老,

帮助县令、丞、尉推行政令。《汉书·百官公卿表》:"十亭一乡,乡有三老。"

㉙五行:我国古代所说的金、木、水、火、土这五种物质,但迷信的人则用这五种物质的相生相克来推算人的命运。

㉚与人不和,劝人养鹅:如果与别人不和气,建议你不妨养一群鹅,你就知道争吵的烦恼。

㉛与人不睦,劝人架屋:如果与别人不和睦,建议你不妨盖一下房屋,你就知道协作的重要。

㉜堂上二老是活佛,何用灵山朝世尊:家中的父母亲就是活神仙,何必花力气跑到深山朝拜那些泥菩萨。

㉝万事劝人休瞒昧,举头三尺有神明:劝人做事不要隐瞒真情,其实你头顶上就有神灵看着你。

㉞灭却心头火,剔起佛前灯:熄灭心里头的邪欲恶念,点起神像前的灯,修养善心。

㉟惺惺:聪明人。《水浒全传》第十九回:"惺惺惜惺惺,好汉惜好汉。"

㊱蒙蒙:昏暗不明的样子。班固《幽通赋》:"心蒙蒙犹未察。"

㊲兆:古代百万或万亿为兆,通常表示极多。

㊳箨(tuò):竹笋一层一层的外皮。

㊴见善如不及,见恶如探汤:看见好的要仿效学习,唯恐自己跟不上;看见坏的要避之唯恐不及,就像把手伸进开水里一样。汤,开水,热水。

㊵触来莫与竞,事过心清凉:如果有人触犯自己不要与他一争高低,事情过去后心情自然就平静了。

㊶无限朱门生饿殍(piǎo),几多白屋出公卿:很多有权有势的人家会有饿死的人,很多平民的家庭里培养出公卿。朱门,以朱红色所漆之门,古代帝王赐给有功大臣或诸侯的九种物品之一,后因此指豪门权贵。饿殍,饿死的人。白屋,古代贫民的房屋不施彩绘,所以称之为白屋。公卿,指官员。

㊷如驹过隙:驹,小马。隙,壁隙。比喻光阴迅速。

㊸富从升合起,贫因不算来:富裕植根于一升一合的精打细算、节约积攒,贫穷则是由不作考虑、随意挥霍所致。

㊹暗室亏心,神目如电:在暗室中做的亏心事,神灵的眼睛像闪电一样看得很清楚。

训蒙增广改本

四 言

【原文】

人生在世,多见多闻,
勤耕苦读,作古证今。
世人读书,专为功名,
书自是书,人自是人。
圣贤言语,神钦鬼伏①,
身体力行,自有好处。
千经万典,孝义为先,
空口诵读,替人数钱。
一毫之恶,劝人莫作,
一毫之善,与人方便。
善有善报,恶有恶报,
不是不报,日子未到。
善事可作,恶事莫为,
人有善念,天必从之。
种麻得麻,种豆得豆,
天网恢恢,疏而不漏。
闹里有钱,静处安身,
来如风雨,去似微尘。
一饮一啄,莫非前定,
君子安贫,达人知命。

人心似铁，官法如炉，

善化不足，恶化有余。

城门失火，殃及池鱼，

听天安命，意外之虞②。

柔能胜刚，天翻地覆，

贤女敬夫，痴人怕妇。

好言难得，恶语易施，

一言既出，驷马难追。

见事莫说，问事不知，

闲事休管，无事早归。

知足常乐，终身不辱，

知止常止，终身不耻。

大使大用，犯分越礼③，

有福伤财，无福伤己。

差之毫里，失之千里，

与悔于终，宁慎于始。

人各有心，心各有见，

君子小人，义利上辨。

因风吹火，借刀杀人，

用力不多，用心太左④。

积谷防饥，养儿防老，

年年防旱，夜夜防盗。

一人道好，十人传宝，

朱子家训增广贤文

若争小可，便失大道⑤。

他人睍睍⑥，不涉你眼，

他人碌碌⑦，不涉你屋。

与人不和，劝人养鹅，

与人不睦，劝人架屋。

得忍且忍，得耐且耐，

不忍不耐，小事成大。

人穷志短，马瘦毛长，

人为财死，鸟为食亡。

清清之水，为土所防，

济济之士⑧，为酒所伤。

人生一世，草生一春，

寸阴寸璧，一刻千金。

君子爱财，取之有道，

贞妇爱色，纳之以礼。

良田万顷，日食一升，

大厦千间，夜眠八尺。

人间私语，天闻若雷，

暗室亏心，神目如电。

一人传虚，百人传实⑨，

耳闻是虚，眼见是实。

字经三写，乌焉成马，

一犬吠形，百犬吠声⑩。

花言巧语，挑灯拨火，

烂牙嚼舌，报应难躲。

得人钱财，与人消灾，

吃人酒饭，与人担担。

打伙⑪求财，心甘意愿，

有盐同咸，无盐同淡。

耕三余一，耕九余三，

找碗吃碗，恐怕天干。

积少成多，积水成河，

苦扒苦挣，得过且过。

过桥抽板，过渡焚身，

忘恩背义，必遭天收。

恩将仇报，窄路相逢，

杀人可恕，情理难容。

君子量大，小人气大，

恶人胆大，善人福大。

告状讨钱，水里捞盐，

告官打虎，辞别宗祖。

事宽则圆，事危则变，

见风使法，要有识见。

坐享成功，修积得好，

今世不修，来生怎了？

逢山开路，遇水搭桥，

扶危救困，贤者多劳。

偷天换日，奸巧非常，

天怒人怨，家败人亡。

老子兴家，千辛万苦，

儿子享福，夜嫖日赌。

人非圣贤，焉能无过？

马有失蹄，人有失错。

改过迁善，一刀两段，

这才聪明，这才能干。

下水思命，上坎思财，

二回有事，那个拢来⑫？

小时摸针，大来偷金，

教子婴孩，教妇初来。

为富不仁，耀武扬威，

一发如雷，一败如灰。

一毛不拔⑬，一钱如命，

两脚一伸⑭，干干净净。

虚张声势，偷木作利，

一朝现滩，不如穷的。

和气致祥，乖气致殃⑮，

免人怨恨，总要温良。

骄傲满假，意气自雄，

无障碍读国学

不有奇祸，必有奇穷。
狐假虎威，心高气傲，
俗人眼红，高人冷笑。
一无所能，大语掀天，
假得难看，蠢得可怜。
日读诗书，不学圣贤，
早出苦海，拨云见天。
山河易改，本性难易，
变化气质，学道尊师。
明师益友，点石成金，
淫朋损友，丧家亡身。
明师难得，性道难闻，
肯行好事，自遇高人。
人无利心，谁肯早起？
个个不贪，那得人使？
穷沾富恩，富沾天恩，
人心淳厚，雨水调匀。
穷不舍命，富不沾财，
劫运⑯一到，尽化成灰。
雁孤一世，虎不吃儿，
人无廉耻，百事可为。
蜂能朝王，蚁如行兵，
食王水土，当报君恩。

朱子家训增广贤文

鱼知朝斗^⑰,燕知敬戊^⑱,

怨天憾地,人不如物。

爱财如命,财即祸胎,

更有甚者,舍命取财。

钱有要处,命有算处,

生有地头,死有去处。

只有投生,那有投死,

家纵贫穷,不可淹女。

贪生怕死,畜比人同,

爱惜物命,也是阴功。

兄弟手足,莫犯嫌疑,

贤愚不等,兼高扯低。

堂前教子,枕边教妻,

对症下药,量体裁衣。

说话人短,记话人长,

说长道短,惹祸招殃。

漫钱得使,漫马得骑,

人怕伤心,树怕剥皮。

知己知彼,将心比心,

宁可负我,不可负人。

心有天高,命如纸薄,

脱胎换骨,为善去恶。

国之妖孽^⑲,贪官污吏,

家之妖孽，逆子恶媳。
国之祥祯，良将忠臣，
家之祥祯，孝子贤孙。
一贫一富，乃知交态，
一贵一贱，交情乃见。
着着见将，事事留心，
临深履薄，养性修身。
世人通病，知而不行，
因循两字，耽搁一生。
出家⑳如初，成佛有余，
许人一物，千金不移。
养兵千日，用在一朝，
忠心报国，不可辞劳。
家有一老，胜如一宝，
千千有头，万万有脑。
官有正条，民有私约，
朝修野守，和亲康乐。
医病不倒，原病退还，
耽搁时候，也是冤愆㉑。
吝啬之父，必产奢男，
积德之家，必生贵子。
多言多败，多事多害，
多男多惧，多寿多辱。

五 言

观今宜鉴古，无古不成今，
读书须用意，一字值千金。
士者国之宝，儒为席上珍，
不受苦中苦，难为人上人。
击石原有火，不击乃无烟。
为学始知道，不学亦罔然。
人不通古今，马牛而襟裾，
欲求生富贵，须下死功夫。
钱财如粪土，仁义值千金，
再三须重事，第一莫欺心。
忠臣不怕死，怕死不忠臣，
明知山有虎，莫向虎山行。
相识满天下，知心能几人，
酒逢知己饮，诗向会人吟。
近水知鱼性，近山知鸟音，
路遥知马力，事久见人心。
虎生犹可近，人熟不堪亲，
来说是非者，便是是非人。
山中有直树，世上无直人，
莫信直中直，须防仁不仁。
力微休负重，言轻莫劝人，
无钱休入众，遭难莫寻亲②。

两人一般心，有钱堪买金，
一人一般心，无钱堪买针。
运去金成铁，时来铁似金，
大家都是命，半点不由人。
道院迎仙客，书堂隐相儒㉓，
庭栽栖凤竹，池养化龙鱼。
祸兮福所倚，福兮祸所储，
庭前生瑞草，好事不如无。
磨刀恨不利，刀利伤人指，
求财恨不多，财多害人己。
人见白头嗔，我见白头喜，
多少少年亡，不到白头死。
休别有鱼处，莫恋浅滩头，
有花方酌酒，无月不登楼。
人生不满百，常怀千岁忧，
药能医假病，酒不解真愁。
在家千日好，出门一时难，
未晚先投宿，鸡鸣早看天。
莫吃卯时酒，昏昏醉到酉，
莫骂酉时妻，一夜受孤凄。
国正天心顺，官清民自安，
妻贤夫祸少，子孝父心宽。
天下无难事，只怕有心人。
大德可回天，君子能安命。
人人有姊妹，个个有六亲，

不欲人加我，亦勿加诸人。

一报还一报，点滴不差移，

我不淫人妇，谁敢戏我妻？

儿大爷难管，将惰兵更骄，

非是鱼不是，皆因网不牢。

养儿不如我，买田做甚么？

养儿强过我，买田做甚么？

贫不与富斗，富不与官斗，

男不和女斗，水不和山斗。

饿死莫做贼，气死莫告状，

忍气可留财，忍口不拖帐。

要知前世因，今生受者是，

要知后世果，今生作者是。

自家心里争，他人未知忙，

触来㉔莫与竞，事过心清凉。

相论逞英雄，家计渐渐退，

恶妇令夫败，贤妇令夫贵。

有恩须当报，无仇莫结怨，

任他风浪起，只是不开船。

慈母生恶子，贤父出奸儿，

惜钱休教子，护短莫从师。

少钱无道理，认真不自在，

那个好男儿，肯欠来生债。

有命不怕病，心正不怕邪，

心中无冷病，那怕吃西瓜。

世乱奴欺主，时衰鬼弄人，
家贫出孝子，国乱见忠臣。
莫笑他人老，终须还到老，
欺山莫欺水，欺大莫欺小。
宁遭父母手，莫遭父母口，
不怕生坏命，只怕得坏病。
在家靠父母，出门靠主人，
行客拜坐客，非亲却是亲。
朝廷无空地，世上无闲人，
家贫如水洗，坐地吃山崩。
雷打三世冤，蛇咬对头人，
报应原不爽，善恶自分明。
招弓如招箭，隔行如隔山，
不是撑船手，莫去摸篙竿。
打伙如夫妻，同财同性命，
船沉各自浮，其心不可问。
轻人轻自己，尅财尅子孙，
要扯屋上草，须看屋下人。
打蛇打七寸，杀猪杀到喉，
安钢安在口，救人救到头。
栽花莫栽刺，从易不从难，
劝人终有益，退步自然宽。
忍人所能忍，能人所不能，
低头便走礼，有志事竟成。
有人有世界，结亲结义气，

父母养其身，朋友长其志。
酒从宽处落，钱从热处攒，
隔行休贪利，无水不行船。
弹货是买主，过海是神仙，
要知心腹事，但听口边言。
价高招远客，酒醉骂仇人，
饱暖思淫佚，饥寒起盗心。
弹琴费指甲，说话费精神，
有子万事足，无病一身轻。
少年不努力，老来徒伤悲，
是事都不会，看死一盘棋。
虎死不倒威，人穷款式㉕在，
地方不生儿，年年都有卖。
货贱人挟疑，水深人难过，
难扯五皮齐，水浅地头薄。
手冷才向火，心静自然凉，
常怀金不换，莫做石敢当。
吃节拔一节，在行习一行，
手长衣袖短，师高子弟强。
艺多不养家，心多烂了肺，
久坐必有禅㉖，思不出其位。
久佃成业主，久病成太医，
囤得千日货，自有赚钱时。
下错一着棋，满盘皆是输，
小心天下去，大事不糊涂。

无障碍读国学

篾缠三到紧，话讲三到稳，
火搬三到息，人搬三到穷。
不怕无人请，只怕艺不精，
不怕无钱使，只怕误口齿。
相与邻近好，犹如一片宝，
但能依本分，终须无烦恼㉗。
人穷思老帐，家宽出少年，
礼多人不怪，人好吃水甜。
吃药不投方，哪怕放船装，
看尽王叔和㉘，不如见症治。
讨亲看娘种，十马九不全，
红颜多薄命，福在丑人边。
无功不受禄，有病莫瞒医，
卖田不怕早，买田不怕迟。
儿不嫌母丑，狗不嫌家贫，
鸦有反哺义，羊有跪乳恩。
国乱思良将，家贫思贤妻，
早知灯是火，饭熟几多时。
出钱为功果㉙，当用不须悭㉚，
空口说空话，归根是枉然。
路不铲不平，事不为不成，
人不劝不善，钟不打不鸣。
山高皇帝远，客去主人安，
无祸即是福，有吃莫瞒天。
家贫邻里富，人多火烟轻，

宁为太平犬，莫做离乱人。

酒醉心明白，客听主安排，

是亲有三顾，除死无大灾。

天上崖鹰瘦，地上光棍穷，

有利必有害，人容天不容。

富从升合起，贫因不算来，

家中无才子，官从何处来？

王法制光棍，鸡狗制横人，

君子避酒客，好汉顾三村。

一回着蛇咬，二回莫进草，

一回上了当，二回莫照样。

同君一夜话，胜读十年书，

结交须胜己，似我不如无。

但看三五日，相见不如初。

贪他一斗米，失却半年粮。

争他一脚豚，反失一肘羊。

万事皆已定，浮生空自忙。

六 言

【原文】

责人之心责己，恕人之心恕人。

饶人不是痴汉，痴汉不会饶人。

成功不可朽败，旧业不可改图。

百年成之不足，一旦坏之有余。

穷人休争恶气，富豪莫压乡愚。

无障碍读国学

〇四八

明人不做暗事，行事要照诗书。
靠人不如靠神，积金不如积德。
远走不如近推，尤人不如自责。
自重不可自大，自谦不可自卑。
有才要更有德，有守难于有为。
天有不测风云，人有旦夕祸福。
八十不可留餐，九十不可留宿。
有福不可享尽，有话不可说尽，
有势不可使尽，有谋不可用尽。
穷人钱就是命，无钱便成死症；
你若把他算死，他来变你败子。
栽树要栽松柏，结交要结君子。
相与狗党狐群，大家扯下浑水。
恭敬不如从命，施药不如传方。
家熟不如国熟，花香不及书香。
天无绝人之意，特恐扭天行事。
医有割股之心，只愁学艺不精。

满口仁义道德，满腹奸盗邪淫，

识破一钱不值，枉自装做好人。

朝廷敬老尊贤，冥间赏罚善恶。

吉人自有天相，凶人自有天祸。

莫绷死人过河，须解网罗放雀；

莫支瞎子跳岩，恐搬石头打脚。

使口不如使手，求人不如求己。

甚而送子读书，不如读书送子。

凡人不可貌相，海水不可斗量㉛。

智者千虑一失，愚者百短一长。

月满方逢薄蚀㉜，水满常多崩决。

光棍总怕倒楞㉝，快刀终有一缺。

阴地不如心地，命好不如心好。

买田不如教子，死宝不如活宝。

碗米养个恩人，石米养个仇人。

君子以功报德，小人记仇忘恩。

已恩不如再恩，一误何容再误？

切莫知法犯法，慎毋当做不做。

分家切莫相争，譬如多生几人。

养亲切莫推躲，犹如止生一我。

七　言

【原文】

一年之计在于春，一日之计在于寅，

一家之计在于和，一生之计在于勤。

父子和而家不退，兄弟和而家不分；
打虎还要亲兄弟，出阵不离父子兵。
业可养身须着力，事非关己莫劳心。
百炼化身成铁汉，三缄其口学金人。
长江后浪趋前浪，世上新人趱㉞旧人。
古人不见今时月，今月曾经照古人。
求人须求大丈夫，济人须济急时无。
渴时一滴如甘露，醉后添杯不如无。
白酒酿成缘好客，黄金散尽为收书。
酒中不语真君子，财上分明大丈夫。
茫茫四海人无数，那个男儿是丈夫。
一缘㉟二命三风㊱水，四积阴功㊲五读书。
受恩深处宜先退，得意浓时便好休。
莫待是非来入耳，从前恩爱反为仇。
深山毕竟藏猛虎，大海终须纳细流。
留得五湖明月在，不愁无处下金钩。
月到十五光明少，人到中年万事休。
儿孙自有儿孙福，莫与儿孙作马牛。
命里有时终须有，命里无时莫苦求。
路逢险处难回避，事到头来不自由㊳。
人生知足何时足，人老偷闲且是闲。
枯木逢春犹再发，人无两度再少年。
一家饱暖千家怨，半世功名万世冤。
不求金玉重重贵，但愿儿孙个个贤。

非亲有义须当敬，是戚无情切莫交。

无求到处人情好，不饮任他酒价高。

贫无达士将金赠，病有高人说药方。

秋至满山皆秀色，春来无处不花香。

龙归晚洞云犹湿，麝过春山草木香。

画水无风空作浪，绣花虽好不闻香。

人逢喜事精神爽，船到滩头水路开。

万事不由人计较，一生都是命安排。

池塘积水须防旱，田地深耕是养家。

根深不怕风摇动，树正何愁月影斜。

一朝天子一朝臣，一辈新鲜一辈陈。

一苗露水一苗草，一层山水一层人。

父母恩深终有别，夫妻义重也分离。

人生似鸟同林宿，大限来时各自飞㊴。

饿儿不吃猫儿饭，冷死不向佛前灯。

平生不做亏心事，夜半敲门心不惊。

平生只会量人短，何不回头把自量？

各人打扫门前雪，休管他人瓦上霜。

妙药难医冤孽病，横财不富命穷人。

命中只有八斗米，走尽天下不满升。

一家养女百家求，一马不行百马忧。

马背不如牛背稳，漫言㊵骑马胜骑牛。

各人做事各人了，管人闲事受人磨。

知恩报恩天下少，反眼无情世间多。

无障碍读国学

谋人妻子不养家，谋人田地水推沙。

聪明反被聪明误，处错还从错处扒。

养子不教如养驴，养女不教如养猪。

有田不耕仓廪虚，有书不读子孙愚；

仓廪虚兮岁月乏，子孙愚兮礼义疏。

易涨易退山溪水，易反易覆小人心。

画虎画皮难画骨，知人知面不知心。

逢人且说三分话，未可全抛一片心。

有意栽花花不发，无心插柳柳成荫。

流水下滩非有意，白云出岫本无心。

山穷水尽疑无路，柳暗花明又一村。

黄河尚有澄清日，岂可人无得运时？

十年窗下无人问，一举成名天下知。

一举首登龙虎榜，十年身到凤凰池。

红粉佳人休便老，风流浪子莫叫贫。

山上也有千年树，世上难逢百岁人。

莺花犹怕春光老，岂可教人枉度春？

相逢不饮空归去，洞口桃花也笑人。

人情似纸张张薄，世事如棋局局新。

贫居闹市无人问，富在深山有远亲。

有茶有酒多兄弟，急难何曾见一人。

当时若不登高望，谁信东流海样深。

杂 言

但行好事,莫问前程。

施恩不望报,望报不施恩。

人身难得,乐土难生。

但存方寸地,留与子孙耕。

黄金无假,阿魏无真。

只有真财主,哪有真客人。

当局者迷,旁观者清。

若要断酒法,醒眼看醉人。

绳锯木断,水滴石穿。

大吃如小赌,数不可细算。

人无远虑,必有近忧。

晴天不肯去,直待雨淋头。

贫穷自在,富贵多忧。

宁向直中取,不可曲中求。

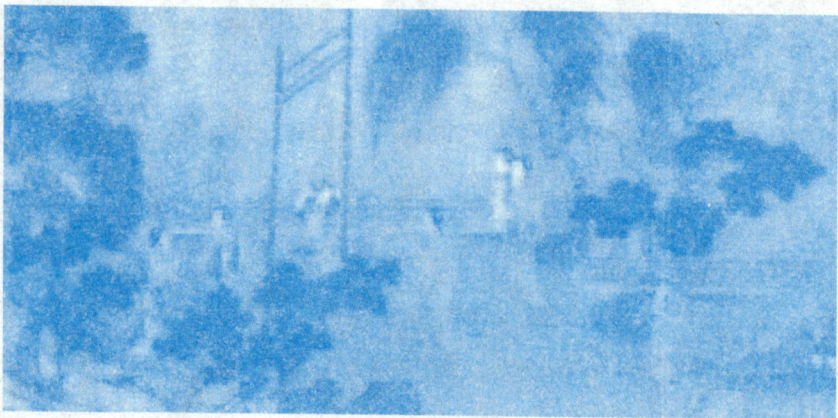

成事莫说,覆水难收^④。

成事莫说,覆水难收④。
捡到人情做,得休且罢休。
河狭水急,人急计生。
无钱方断酒,临老始看经。
当断不断,反受其乱。
斩草不除根,萌芽依旧生。
挝山抵水,开口乱言。
哄得愚者过,恐怕识者弹。
杀人八百,自损三千。
害人终害己,头上有青天。
奢能折富,俭可养廉。
从俭入奢易,从奢入俭难。
好事难为,好人难做。
点石化为金,人心犹未足。
齿刚则折,舌柔则存。
灭却心头火,剔起佛前灯。
低下于人,必有所求。
来到屋檐下,谁敢不低头?
口角言语,贤不责愚。
是非终日有,不听自然无。
前事可凭,后事难量。
坐地等花开,未来休指望。
比上不足,比下有余。
宁可正而不足,
不可斜而有余。
言最招尤,心怕用错。

闲谈莫论人非，
静坐常思己过。
人贫不语，水平不流。
正宜雪里送炭，
替他水到开沟。
变产还钱，磕头免讼。
是病总宜早医，
长痛不如短痛。
时穷势迫，生死关头。
慎勿喉上接血，
更休火上加油。
乘时如天，待时如死。
懒人错过了机缘，
忙人做不得好事，
使心用心，反害自身。
牵牛下海先湿脚，
飞蛾打火自烧身。
合理可作，小利莫争。
万事劝人休瞒昧，
举首三尺有神明。
守口如瓶，防意如城。
话到口边留半句，
理从是处让三分。
谋事在人，成事在天。
用心计较般般错，
退步思量事事宽㊷。

一日夫妻，百世姻缘。

百世修来同船渡，

千世修来共枕眠。

杀人偿命，欠帐还钱。

世上若要人情好，

赊去物件莫收钱。

光阴似箭，日月如梭。

遇饮酒时须饮酒，

得高歌处且高歌。

财将义取，事过理边。

随分耕锄收地利，

他时饱暖谢苍天。

善必寿考，恶必早亡。

富贵定要依本分，

贫穷不必枉思量。

醴泉无源，芝草无根。

无限朱门生饿殍，

几多白屋出公卿。

士农工商，各尽其职。

早起二朝当一工，

一勤天下无难事。

得箭还箭，得弓还弓。

留得人情千日在，

人生何处不相逢。

人怕三对面，树怕一墨线。

口说不如身逢，

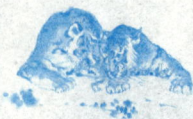

耳闻不如目见。

万般皆下品，惟有读书高。

学者如禾如稻，

不学者如蒿如草，

用人则不疑，疑人则不用。

特恐君子见疑，

反把小人重用。

做事留一线，日后好相见。

交绝不出恶声，

莫谓桥崩路断。

去时终须去，再三留不住。

做事斩钉截铁，

为人光风霁月㊸。

勤俭生富贵，懒惰受饥寒。

若要分分到手，

除非步步向前。

不因渔父引，怎得见波涛。

得人点水之恩，

须当涌泉而报。

闲时不烧香，急时抱佛脚。

屎胀才挖茅私㊹，

从前当面错过。

客来主不顾，应恐是痴人。

在家不会迎宾客，

出门方知少主人。

相见易得好，久住难为人。

相逢好似初相识，
到老终无怨恨心。
三杯通大道，一醉解千愁。
今朝有酒今朝醉，
明日愁来明日忧。
不以我为德，反以我为仇。
而今世事多惊悸，
黄叶飞来怕打头。
饶人算之本，输人算之机。
但将两眼观螃蟹，
看你横行到几时？
四两拨千金，一静制百动。
好汉不吃眼前亏，
君子斗智不斗勇。
惜花须检点，爱月不梳头。
大抵选他肌骨好，
不搽红粉也风流。
英雄行险道，富贵似花枝。
人情莫道春光好，
只怕秋来有冷时。
官清书吏瘦，神灵庙祝肥。
入门休问荣枯事，
观看容颜便得知。
若要人不知，除非己莫为。
假缎染就真红色，
也被旁人说是非。

你急他未急,人闲心不闲。

但有绿杨堪系马,

处处有路通长安。

上山擒虎易,开口靠人难。

知音说与知音听,

不是知音莫与谈。

衙门八字开,无钱莫进来。

清官难逃猾吏手,

瘦狗都熬出油来。

一字入公门,九牛拖不出。

告人一状三世冤,

两扇磨子一齐铹⑤。

黄金未为贵,安乐值钱多。

知事少时烦恼少,

识人多处是非多。

人无千日好,花无百日红。

曾记少年骑竹马,

看看又是白头翁。

一娘生九子,十指痛肝心。

手板手背都是肉,

大襟扯来盖小襟。

座上客常满,杯中酒不空。

乍富不知新受用,

乍贫不改旧家风。

无风不起浪,有麝自然香。

大风吹倒梧桐树,

自有旁人说短长。

自恨枝无叶，莫怨太阳偏。

书非误我须勤学，

命不如人只听天。

人情到处赶，落雨好借伞。

那家挂个无事牌，

与人方便自方便。

有钱男子汉，无钱汉子难。

有钱若不行方便，

如入宝山空手还。

惧法朝朝乐，欺公日日忧。

近来学得乌龟法，

得缩头时且缩头。

人善被人欺，马善被人骑。

善恶到头终有报，

只争来早与来迟。

人老心未老，人穷志不穷。

屋漏更遭连夜雨，

船行又遇打头风。

笋因落箨方成竹，

鱼为奔波始化龙。

得宠思辱，安居虑危。

念念有如临敌日，

心心常似过桥时。

常将有日思无日，

莫把无时作有时。

朱子家训增广贤文

醉后乾坤大,壶中日月长。

夫妻相好合,琴瑟与笙簧。

爽口食多防作疾,

快心事过恐生殃。

救人一命,

胜造七级浮屠。

积金千两,不如明解经书。

非因果报㊻方行善,

岂为功名始读书?

美不美,乡中水,

亲不亲,故乡人。

远水难救近火,

远亲不如近邻。

平生不作皱眉事,

世上应无切齿人。

谁人背后无人说,

那个人前不说人。

有钱道真语,无钱语不真。

不信但看筵中酒,

杯杯先劝有钱人。

先到为君,后到为臣。

莫道君行早,更有早行人。

近水楼台先得月,

向阳花木早逢春。

会说说都是,

不会说无礼。

墙有缝,壁有耳。

好事不出门,恶事传千里。

点塔七层,不如暗处一灯;

众星朗朗,不如孤月独明。

慈不掌兵,慈太姑息;

义不掌财,义流侠气。

姑息则养奸,任侠则乱用。

真义可以入神,

真慈足以得众。

口水会淹死人,

河水都洗不清。

坛子栽花冤屈死,

活人抬到死人坑。

讨赏卖乖,面善心恶。

对我常说别人,

对人宁不说我?

好歹都不可听,

早些把他看破。

家有贤妻,男儿不遭横事。

王法始于阃门④,

家齐而后国治。

螳螂捕蝉,岂知黄雀在后?

恶人自有恶人磨,

强中更有强中手。

前人狠,不如后人强。

长城万里今犹在,

那见当年秦始皇？

三代为官，不可轻师慢匠。

敬斯文乃得斯文，

舍得盐才下得酱。

常调官⁴⁸好做，家常饭好吃，

山珍海味，只图一点名气。

谁人不爱子孙贤，

谁人不想千钟粟？

怎奈五行不是这般题目。

水太清则无鱼，

人太紧则无智，

智者减半，愚者全无。

莫奈何，

三字丧却多少品行不为过，

三字昧却多少良心该无妨，

三字失却多少事机。

忍一句，息一怒，

饶一着，退一步。

三十不豪，四十不富，

五十将来寻死路。

弟兄如手足，夫妻如衣服。

衣服敝，可再缝，

手足折 难再续。

遇着明人好说话，

遇着明神好打卦。

宁可与行家提鞋，

不可与悾子⁴⁹同侪。

入山不怕伤人虎，

只怕人情两面刀。

当面有成人之美，

背后有杀人之刀。

单丝不能成线，

独木不能成林。

会打三班鼓，也要五六人。

人上十口难盘，

帐上十串难还。

宁添一斗，莫添一口。

富人思来年，贫人思眼前。

道路各别，养家一般。

牛可耕，马可乘，

好吃懒做，不如畜牲。

穿不穷，吃不穷，

不会打算一世穷。

做到老，学到老，

还有三分学不到。

见者易，作者难。

莫将容易得，便作等闲看。

谦受益，满招损。

山山出俊秀，处处有贤人。

养儿总要有教诏，

一笼鸡必有个叫。

一个巴掌拍不响，

要鱼吃大家补网。

利字侧边立把刀，

一个钱要个命消。

夸口太医莫好药，

夸口妇人莫好脚。

若要江湖⑩深，除非不做声。

当家方知盐米贵，

养子方知父母恩。

要辨三叉路，须问去来人。

马行无力皆因瘦，

人不风流只为贫。

一朝权在手，便把令来行。

人情似水分高下，

世事如云任卷舒。

久住令人贱，频来亲也疏。

害人之心不可有，

防人之心不可无。

宁可信其有，不可信其无。

将相顶头堪走马，

公侯肚里好撑船。

宁做他不是，莫做我不贤。

牡丹花好空入目，

枣花虽小结实成。

惺惺常不足，蒙蒙作公卿。

是非只为多开口，

烦恼皆因强出头⑪。

忍得一时之气，
免得百日之忧。
不是姻缘不是妻，
不是才人莫献诗。
良臣择主而事，
良禽择木而栖。
养儿养女往上长，
刻薄成家，理无久享。
寡妇门前是非多，
嫌疑要避，好歹由他。
千年田地八百主，
失何足忧，得何足喜？
银子钱米身外物，
生不带来，死不带去。
十年兴败多少人，
夸甚么富，压甚么贫？
人争闲气一场空，
欺甚么弱，逞甚么雄？
神仙难断阴骘㉜命，
相由心变，福自天生。
皇天不昧苦心人，
大富由命，小富由勤。
早晨栽树晚遮阴，
望梅止渴，赖佛逃生。
人家养儿你受福，
借母怀胎，移花接木。

一龙挡住千江水，
不是福端，便是祸始。
和气能招万里财，
近者既悦，远者自来。
主人让客三千里，
水虽要船，船更要水。
事怕旁边一句言，
好事怂成，歹事劝散。
人心不足蛇吞象，
心高隔财，愚不自量。
只有男州莫女县，
牝鸡司晨，妖人出见。
是非之地莫乱走，
手不摸红，红不染手。
呵得风来大家凉，
有祸同当，有福同享。
三贫三富不到老，
有钱休夸，无钱休恼。
捉虎容易放虎难，
是佛当拜，是魔当斩。
万丈高楼从地起，
登高必自卑，行远必自迩。
祖宗旧业莫轻抛，
留得青山在，何愁没柴烧？
那个男儿不出门，
家中有剩饭，路上有饥人。

一钱逼死英雄汉，
难中好救人，好人多落难。
真金那怕红火炼，
鱼烂刺出来，水清石自见。
三员长者当员官，
不信老人言，定会打破船。
大树底下好遮阴，
天落长子顶，家和万事兴。
有钱莫打女官司，
官有十条路，九条人不知。
信了肚，卖了屋，
依得口，搬起走。
窝儿棚，迷魂阵，
赌博场，陷人坑。
说大话，使小钱，
哄性子，上贼船。
蜂糖口，苦瓜心，
外君子，内小人。
见到风，就是雨，
爱乱说，不明理。
风前烛，瓦上霜，
来日短，去日长。
人害人，害不倒，
天害人，草不生。
传真方，卖假药，
害死人，人不觉。

下犯上，小欺大，
天不容，地不载。
守钱奴，书呆子，
酱里虫，酱里死。
二架梁，半罐水，
三寸舌，一张嘴。
文不文，武不武，
莫下场，死得苦。
听人劝，得一半，
若要好，问三老。
要饭吃，凭天讨，
冤枉钱，莫去找。
会找钱，不为难，
保得倒，才算好。
吃了酒，哑了口，
端我碗，服我管。
知其白，守其黑，
莫逞能，要藏拙。
睁只眼，闭只眼，
过一天，算一天。
眼不见，心不烦，
耳不闻，心不乱。
一分利，一分害，
不贪财，总自在。
孽钱归孽路，
是如此来，是如此去。

有钱沽清酒，
便宜莫买，浪荡莫收。
水火不容情，
破船少载，曲突徙薪㊿。
穷人养骄子，
爱之勿劳，害之至死。
为人不自在，自在不为人。
世事明如镜，前程暗似漆。
千里送毫毛，礼轻仁义重。
有儿穷不久，无儿富不长。
人怕老来穷，谷怕午时风。
见官莫向前，做官莫在后。
人无横财不富，
马无夜草不肥。
说话说与明人，
送饭送与饥人。
会使不在家富豪，
风流不怕着衣多。
忠言逆耳利于行，
良药苦口利于病。
道吾好者是吾贼，
道吾恶者是吾师。
公道世间惟白发，
贵人头上不曾饶。
有缘千里来相会，
无缘对面不相逢。

富贵不压于乡党㉞，
宰相回来拜县丞。
人不出言身不贵，
火不烧山地不肥。
有理问得君王倒，
有钱难买子孙贤。
酒不劝人人不醉，
花不逢春不乱开。
黑心进得衙门，
黑心进不得庙门。
大路不平旁人划㉟，
死人旁边有活人。
挣钱犹如针挑土，
败家犹如水推沙。
好儿不吃分家饭，
好女不穿嫁妆衣。
在官三日人问我，
离官三日我问人。
天上无云不下雨，
地下无媒不成亲。
糟糠之妻不下堂，
贫贱之交不可忘。
近山不可枉烧柴，
近河不可枉用水。

附偶语五十七联,录古集谚为训蒙,有关痛痒者,有不关痛痒者。

【原文】

利刀割体疮犹合,

恶语伤人恨不消。

当路莫栽荆棘草,

他年免挂子孙衣。

书到用时方恨少,

事非经过不知难。

养性莫贪眠性水,

成家宜戒败家汤。

红罗帐中真地狱,

鸳鸯枕上是刀山。

德积百年元气厚,

书经三代雅人多。

欲高门第须行善,

要好儿孙必读书。

酒债寻常行处有,

人生七十古来稀。

是事让人非我弱,

平生守己任他强。

书有未曾经我读，

事无不可对人言。

天上众星皆拱北，

世间无水不朝东。

世间好语书说尽，

天下名山僧占多。

退一步行安乐法，

说三个好喜欢缘。

酒逢知己千杯少，

话不投机半句多。

两耳不闻窗外事，

一心专读圣贤书。

能言未必真君子，

善处方为大丈夫。

须求无愧于天地，

要留好样与儿孙。

子姜不及老姜辛，

一人难结万人缘。

一辈不管二辈事，

前头吓怕后头人。

各人吃饭各人饱，

汉子做事汉子当。

无事莫登三宝殿，

有钱难买一身安。

三两黄金四两福，

一劫人生万劫难。

东方不亮西方亮，

一理能通百理通。

崖鹰不打巢下食，

恶龙难斗地头蛇。

闲时办来急时用，

有心安顿无心人。

人无喜色休开店，

钱不归身恰似无。

大人不见细人56过，

死马当成活马医。

路在险处须当避，

人在公门正好修。

输钱只为赢钱起，

买举还是中举人。

一口沙糖一口屎，

半年辛苦半年闲。

眼里无珠不识宝，

朝内有人好做官。

真人面前说假话，

天子脚下有贫亲。

朱子家训增广贤文

酒吃人情肉吃味，
早见公婆晚见妻。
朋友面前莫说假，
父母身上好安钱。
越叫姑娘越拐脚，
半积阴功半养身。
爱儿不得爱儿益，
与人做事与人周。
愁人莫对愁人说，
一年不比一年同。
浪子收心一片宝，
宰相家人七品官。
胜者王侯败者寇，
只重衣冠不重贤。
一回相见一回老，
百岁曾无百岁人。
半作主人半作客，
一分行贷一分钱。
一层火炉一层炕，
半由天子半由臣。
清官难判家务事，
弟兄不和邻里欺。
出头椽子㉗先遭难，

花脚猫儿不守家。

得食猫儿强似虎，

褪毛鸾凤不如鸡。

龙游浅水遭虾戏，

虎落平阳被犬欺。

读点好书充腹笥⑤⑧，

省些闲事养精神。

天作棋盘星作子，

水有源头木有根。

哪里为梁哪里为栋，

一边是坎一边是崖。

一人下井万人磊石，

三节梳头两节穿衣。

七十二计走为上计，

两个半天总有一天。

害人终害己，输口不输身。

欺山不欺水，填河不填沟。

三言两语话，七嘴八舌头。

红口白牙齿，冷酒热肚脾。

朱子家训增广贤文

【注释】

①神钦鬼伏：天神钦佩，鬼神降服。

②意外之虞：预料之外的忧虑。虞，忧患。

③犯分越礼：冒犯本分违背礼义。分，本分。

④左：邪，不正。《三国演义》第十三回："李蒙平时最喜左道妖邪之术，常使

〇七七

女巫击鼓降神于军中。"

⑤若争小可,便失大道:如在平常小事上计较,就会丧失大道理。小可,简单,平常。大道,大道理。

⑥睍睍(xiàn):眼珠凸出的样子。这里指小看,轻视。

⑦碌碌:辛苦、繁忙的样子。

⑧济济之士:济济,众多美好的样子。《诗·周颂·载芟》:"载芟济济。"《左传·成公二年》:"济济多士。"

⑨一人传虚,百人传实:指本来没有的事,传说的人多了,就几乎成为事实。《五灯会元·临济玄禅师法嗣》:"僧问:'多子塔前,共谈何事?'师曰:'一人传虚,万人传实。'"

⑩一犬吠形,百犬吠声:一只狗看见影子叫,其他的狗就跟着叫。比喻自己不考虑而随声附和别人的意思。有谚曰:一犬吠影,百犬吠声。

⑪打伙:行人在旅途中做饭或吃饭,指结伴。

⑫拢来:靠近来帮忙。

⑬一毛不拔:形容人极小气、吝啬。孟子:"杨子取为我,拔一毛而利天下,不为也。"

⑭两脚一伸:指人死。

⑮乘气致殃:放纵意气会导致灾难。乘气,放纵意气。

⑯劫运:毁灭性的灾难。

⑰斗:北斗。

⑱戍:守边。

⑲妖孽(niè):邪恶的人或事。王夫之《读通鉴论·唐昭宗》:"妖孽者,非但草木禽虫之怪也,亡国之臣允当之矣。"

⑳出家:弃家外出,削发为僧尼。

㉑冤愆(qiān):枉曲、过失。

㉒无钱休入众,遭难莫寻亲:没有钱不要和众人在一起,遇到困难时不要去寻找亲戚。

㉓道院迎仙客,书堂隐相儒:寺庙里迎接的是云游四方的仙人;书院学堂里隐居着有宰相之才的儒生。

㉔触来:冒犯。

㉕款式:样子、模样。

㉖禅:清静寂定的心境。

㉗但能依本分,终须无烦恼:如果能按照本身应尽的责任和义务去做事,那到头来是没有烦恼的。

㉘王叔和:魏晋之际的医学家,东汉名医张仲景的弟子,名熙,著有《脉经》十卷。这里泛指医生。

㉙功果:佛教语,指布施之事。

㉚悭:节省,吝啬。

㉛凡人不可貌相,海水不可斗量:人不能通过相貌来判断他的富贵贫贱,正如海水不能用斗来计量一样。

㉜薄蚀:日月相掩食。

㉝倒楞:逆违、凶猛。

㉞趱(zǎn):赶。《三国演义》第七回:"趱程而去。"

㉟缘:因缘、缘分,命中注定的机遇。

㊱风水:指地宅或坟地的地势、方向等,过去认为他们在一定程度上决定着人们的吉凶祸福。

㊲阴功:也可称之为阴德,指暗中有功德于人。

㊳路逢险处难回避,事到头来不自由:路行到险要的地方就很难返回头了,事到临头了便不由得你做与不做了。

㊴人生似鸟同林宿,大限来时各自飞:人生就像鸟一同栖息在树林里,但死期来到时就各自离开世间,就像鸟各自飞离树林一样。大限,生命的极限,指死期。

㊵漫言:不切实际的话。这里指不要说。

㊶成事莫说,覆水难收:事情做成功了,那就没有什么可说了,只怕一干就错,就像泼出去的水那样不可收拾了。

㊷用心计较般般错,退步思量事事宽:用尽心思去计较比较,样样事情都会做错,退一步来考虑商量,任何事情都会有办法解决。

㊸光风霁月:天朗气清时的和风,雨过天晴后的明月。比喻人胸襟开阔、心地坦率。

㊹茅私:即茅坑、厕所。

㊺铄 :磨砻渐销。

㊻果报:因果报应。

㊼阑门:门前的栅栏,这里指家中。

㊽常调官:即执行例行公事的官员。

㊾悾(kōng)子:无知的人。

㊿江湖:俗称技艺、功夫等为江湖。

51是非只为多开口,烦恼皆因强出头:惹是生非都是说话太多招引的,苦恼烦忧都是因为爱出风头造成的。

52阴骘(zhì):本义指默定,后来多指阴德。

53曲突徙薪:曲,使弯曲。突,烟囱。徙,迁移。薪,柴。把烟囱建成弯的,搬开灶旁的柴火,避免发生火灾。比喻事先采取措施,防患于未然。

54乡党:即乡里。

55刬(chǎn):削去,铲平。

56细人:地位卑下或见识短浅的人。

57桷(jué)子:方形的椽子。

58笥(sì):盛东西的长方形竹器。

重 定 增 广

平 韵

【原文】

昔时贤文,诲汝谆谆。

集韵增广,多见多闻。

观今宜鉴古,无古不成今。

贤乃国之宝,儒为席上珍。

农工与商贾,皆宜敦五伦①。

孝弟为先务,本立而道生。

尊师以重道,爱众而亲仁。

钱财如粪土,仁义值千金。

作事须循天理,出言要顺人心,

心术不可得罪于天地,

言行要留好样与儿孙。

处富贵,要矜怜贫贱的痛痒;

当少壮时,须体念衰老的酸辛。

孝当竭力,非徒养身。

鸦有反哺之孝,

羊有跪乳之恩②。

岂无远道思亲泪,

不及高堂念子心。

爱日以承欢,

莫待丁兰刻木祀③;

椎牛而祭墓,

不如鸡豚建亲存。

兄弟相害,不如友生;

外御其侮,莫如弟兄。

有酒有肉多兄弟,

急难何曾见一人。

一回相见一回老,

能得几时为弟兄。

父子和而家不败，

兄弟和而家不分，

乡党和而争讼息，

夫妇和而家道兴。

祗缘花底莺声巧，

遂使天边雁影分④。

诸恶莫作，众善奉行。

知己知彼，将心比心。

责人之心责己，

爱己之心爱人。

再三须慎意，第一莫欺心。

宁可人负我，切莫我负人。

贪爱沉溺即苦海，

利欲炽燃是火坑。

随时莫起趋时念，

脱俗休存矫俗心。

横逆困穷，

直从起处讨由来，

则怨尤自息；

功名富贵，

还向灭时观究竟，

则贪恋自轻。

昼坐惜阴，夜坐惜灯。

读书须用意，一字值千金。

酒逢知己饮，诗向会人吟。

相识满天下，知心能几人。

相逢好似初相识，

到老终无怨恨心。

平生不作皱眉事，

世上应无切齿人。

栖迟蓬户⑤，

耳目虽拘而神情自旷；

结纳⑥山翁，

仪文⑦虽略⑧而意念常真。

萤仅自照，雁不孤行。

苗从蒂发，藕白莲生。

近水知鱼性，近山识鸟音。

路遥知马力，事久见人心。

运去金成铁，时来铁似金。

马行无力皆因瘦，

人不风流只为贫。

近水楼台先得月，

向阳花木早逢春。

饶人不是痴汉，

痴汉不会饶人。

朱子家训增广贤文

不说自己桶索短，

但怨人家箍井深。

美不美，乡中水；

亲不亲，故乡人。

割不断的亲，离不开的邻。

相见易得好，久住难为人。

客来主不顾，应恐是痴人。

在家不会迎宾客，

出门方知少主人。

群居守口，独坐防心⑨。

志从肥甘丧，心以淡泊明。

有钱堪出众，遭难莫寻亲。

远水难救近火，

远亲不如近邻。

两人一般心，有钱堪买金；

一人一般心，无钱堪买针。

力微休负重，言轻莫劝人。

听话如尝汤，交财始见心。

易涨易退山溪水，

易反易覆小人心⑩。

画虎画皮难画骨，

知人知面不知心。

谁人背后无人说，

哪个人前不说人。

但行好事，莫问前程。

钝鸟先飞，大器晚成。

千里不欺孤，独木不成林。

贫居闹市无人问，

富在深山有远亲。

人情似纸张张薄，

世事如棋局局新。

世人结交须黄金，

黄金不多交不深。

纵令然诺暂相许，

终是悠悠行路心。

当局者昧，旁观者明。

河狭水急，人急计生。

饱暖思淫佚，饥寒起盗心。

飞蛾扑灯甘就镬⑪，

春蚕作茧自缠身。

江中后浪催前浪，

世上新人赶旧人。

人生一世，草生一春。

来如风雨，去似微尘。

闹里有钱，静处安身。

明知山有虎，莫向虎山行。

莺花犹怕风光老，

岂可教人枉度春。

相逢不饮空归去，

洞口桃花也笑人。

昨日花开今日谢，

百年人有万年心。

北邙⑫荒冢⑬无贫富，

玉垒⑭浮云变古今。

倖名无德非佳兆，

乱世多财是祸根。

世事茫茫难自料，

清风明月冷看人。

劝君莫作守财奴，

死去何曾带一文。

血肉身躯且归泡影，

何论影外之影；

山河大地尚属微尘，

而沉尘中之尘。

速效莫求，小利莫争。

名高妒起，宠极谤生。

众怒难犯，专欲难成。

物极必反，器满则倾。

欲知三叉路，须问去来人。

三十年前人寻病，

三十年后病寻人。

大富由命，小富由勤。

自恨枝无叶，莫谓日无阴。

一年之计在于春，

一日之计在于寅，

一家之计在于和，

一生之计在于勤。

择婿观头角，娶女访幽贞⑮。

大抵取他根骨好，

富贵贫贱非所论。

无限朱门⑯生饿殍⑰，

几多白屋⑱出公卿⑲。

凌云甲第⑳更新生，

胜概㉑名园非旧人。

众口难辩，孤掌难鸣。

当场不战，过后兴兵。

一肥遮百丑，四两拨千斤。

无病休嫌瘦，身安莫怨贫。

岂能尽如人意，

但求不愧我心。

雨露不滋无本草，

混财不富命穷人。

慢藏诲盗，冶容诲淫。

偏听则暗，兼听则明。

耳闻是虚，眼见是实。

一犬吠影，百犬吠声。

莫信直中直，须防仁不仁。

虎生犹可近，人毒不堪亲。

来说是非者，便是是非人。

世路由他险，居心任我平。

惺惺常不足，蒙蒙作公卿。

遍身绮罗㉒者，不是养蚕人。

毋私小惠而伤大体，

毋借公论而快私情。

毋以己长而形人之短，

毋因己拙而忌人之能。

勿恃势力而凌逼孤寡，

勿贪口腹而恣杀牲禽。

倚势凌人，势败人凌我；

穷巷追狗，巷穷狗咬人。

见色而起淫心，报在妻女；

匿怨而用暗箭，祸延子孙。

先到为君，后到为臣。

莫道君行早，更有早行人。

灭却心头火，剔起佛前灯。

平日不作亏心事，
半夜敲门心不惊。
牡丹花好空入目，
枣花虽小结实成。

众星朗朗，不如孤月独明；
照塔层层，不如暗处一灯。
鼓打千椎，不如雷轰一声；
良田百亩，不如薄技㉓随身。
富厚福泽，不过厚吾之生；
贫贱忧戚，乃是玉汝于成。
命薄福浅，树大根深。
非上上智，无了了心。
护疾忌医，掩耳盗铃。
烈士让千乘㉔，贪夫争一文。
气是无明火，忍是敌灾星。
但存方寸㉕地，留与子孙耕。
万事劝人休瞒昧，
举头三尺有神明。
为恶畏人知，
恶中犹有善路；
为善急人知，
善处即是恶根。
贫贱骄人，虽涉虚矫，

还有几分侠气；

奸雄欺世，纵似挥霍，

全没半点真心。

扫地红尘飞，

才著工夫便起障；

开窗日月进，

能通灵窍自生明。

发念处即遏三大欲㉖，

到头时方全一点真。

守分安命，趋吉避凶。

识真方知假，无奸不显忠。

人无千日好，花无百日红。

人老心不老，人穷志不穷。

座上客常满，杯中酒不空。

礼义兴于富足，

盗贼出于贫穷。

乍富不知新受用，

乍贫难改旧家风。

天上有星皆拱北，

世间无水不朝东。

白发不随人老去，

转眼又是白头翁。

屋漏更遭连夜雨，

船慢又遇打头风。

笋因落箨方成竹，

鱼为奔波始化龙。

汝惟不矜，

天下莫与汝争能；

汝惟不伐㉗，

天下莫与汝争功。

明不伤察，直不过矫。

仁能善断，清能有容。

不尽人之欢，不竭人之忠。

不自是而露才，

不轻试以侥功㉘。

受享不逾分外，

修持不减分中。

待人无半毫诈伪欺隐，

处事只一味镇定从容。

肝肠煦㉙若春风，

虽囊乏㉚一文还怜茕独㉛；

气骨清如秋水，

纵家徒四壁，终傲王公。

急行缓行，

前程只有许多路；

逆取顺取，

朱子家训增广贤文

到头总是一场空。

生不认魂，死不认尸。

好言难得，恶语易施。

美玉可沽，善贾且待；

瓦甑既堕，反顾何为。

英雄行险道，富贵似花枝。

人情莫道春光好，

只怕秋来有冷时。

父母恩深终有别，

夫妻义重也分离。

人生似鸟同林宿，

大限来时各自飞。

早把父母勤奉养，

夕阳光景不多时。

人善被人欺，马善被人骑。

人恶人怕天不怕，

人善人欺天不欺。

善恶到头终有报，

只争来早与来迟。

龙游浅水遭虾戏，

虎落平阳被犬欺。

但将冷眼观螃蟹，

看你横行到几时。

黄河尚有澄清日，

岂有人无得运时。

十年窗下无人识，

一举成名天下知。

燕雀那知鸿鹄志，

虎狼岂被犬羊欺。

事业文章，随身消毁，

而精神万古不灭；

功名富贵，逐世转移，

而气节千载如斯。

得宠思辱，居安思危。

国乱思良相，家贫思良妻。

荣宠旁边辱等待，

贫贱背后福跟随。

成名每在穷苦日，

败事多因得意时。

声妓晚景从良，

半世之烟花无碍^②；

贞妇白头失守，

一生之清苦俱非。

闲事休管，无事早归。

假缎染就真红色，

也被旁人说是非。

朱子家训增广贤文

常将酒钥开眉锁，

莫把心机织鬓丝。

为人莫作千年计，

三十河东四十西。

秋虫春鸟，共畅天机，

何必浪生悲喜；

老树新花，同含生意，

胡为妄别妍媸㉝。

许人一物，千金不移；

一言既出，驷马难追。

鄙啬之极，必生奢男；

厚德之至，定产佳儿。

日勤三省㉞，夜惕四知㉟。

博学而笃志，切问而近思。

少年不努力，老大徒伤悲。

惜钱休教子，护短莫从师。

须知孺子可教，

勿谓童子何知。

一举首登龙虎榜，

十年身到凤凰池。

进德修业，

要个木石的念头，

若稍涉矜夸，便趋欲境；

济世经邦，

要段云水的趣味，

若一有贪恋，便堕危机㊱。

官清书吏瘦，神灵庙祝肥。

若要人不知，除非己莫为。

静坐常思己过，

闲谈莫论人非。

友如作画须求淡，

邻有淳风不攘鸡。

小窗莫听黄鹂语，

踏破荆花满院飞。

平生最爱鱼无舌，

游遍江湖少是非。

无事常如有事时提防，

才可以弥意外之变；

有事常如无事时镇定，

才可以消局中之危。

三人同行，必有我师。

择其善者而从，

其不善者改之。

养心莫善于寡欲，

无恒不可作巫医。

狎昵恶少，久必受其累；

朱子家训增广贤文

屈志老成,急则可相依。

心口如一,童叟无欺。

人有善念,天必佑之。

过则无惮改,独则毋自欺。

道吾好者是吾贼,

道吾恶者是吾师。

入观庭户知勤惰,

一出茶汤便见妻。

父老奔驰无孝子,

要知贤母看儿衣。

入门休问荣枯事,

观看容颜便得知。

养儿防老,积谷防饥。

常将有日思无日,

莫待无时想有时。

守己不贪终是稳,

利人所有定遭亏。

美酒饮当微醉候,

好花看到半开时。

当路莫栽荆棘树,

他年免挂子孙衣。

望于天,必思己所为;

望于人,必思己所施。

贪了牲禽的滋益，
必招性分的损；
占了人事的便宜，
必受天道的亏。
出家如初，成佛有余。
三心一净，四相俱无。
著意于无，即是有根未斩；
留心于静，便为动芽未锄。
鹬蚌相持，渔人得利。
城门失火，殃及池鱼。
人而无信，百事皆虚。
言称圣贤，心类穿窬[37]。
学不尚实行，马牛而襟裾。
欲求生富贵，须下苦工夫。
既耕亦已种，时还读我书。
结交须胜己，似我不如无。
同君一夜话，胜读十年书。
求人须求大丈夫，
济人须济急时无。
渴时一滴如甘露，
醉后添杯不如无。
作事惟求心可以，
待人先看我何如。

害人之心不可有，

防人之心不可无。

酒中不语真君子，

财上分明大丈夫。

白酒酿成缘好客，

黄金散尽为收书。

竿篱茅舍风光好，

道院僧房总不如。

炮㊳凤烹龙，

放箸㊴时与盐齑㊵无异；

悬金佩玉，

成灰处与瓦砾何殊。

先达笑弹冠，

休向侯门轻束带；

相知犹按剑，

莫从世路暗投珠。

厚时说尽知心，

恐妨薄后发泄；

少年不节嗜欲，

每致中道而殂㊶。

水至清，则无鱼；

人至察，则无徒。

痴人畏妇，贤女敬夫。

妻财之念重，兄弟之情疏。

宁可正而不足，

不可斜而有余。

认真还自在，作假费工夫。

是非朝朝有，不听自然无。

久住令人贱，频来亲也疏。

但看三五日，相见不如初。

人情似水分高下，

世事如云任卷舒。

百年成之不足，

一旦坏之有余。

训子须从胎教始，

端蒙必自《小学》初㊷。

养子不教如养驴，

养女不教如养猪。

有田不耕仓廪虚，

有书不读子孙愚。

仓廪虚兮岁月乏，

子孙愚兮礼义疏。

茫茫四海人无数，

那个男儿是丈夫。

要好儿孙须积德，

欲高门第快读书。

救人一命，胜造七级浮屠；

积金千两，不如一解经书。

静中观物动，闲处看人忙，

才得超尘脱俗的趣味；

忙处会偷闲，闲中能取静，

便是安身立命的工夫。

子教婴孩，妇教初来。

内要伶俐，外要痴呆。

聪明逞尽，惹祸招灾。

能让终有益，忍气免伤财。

富从升合起，贫因不算来。

暗中休使箭，乖㊸里放些呆㊹。

衙门八字开，

有理无钱莫进来。

天灾不时有，

谁家挂得免字牌。

用人不宜刻，

刻则思效者去；

交友不宜滥，

滥则贡谀者来。

则是怨府，贪为祸胎。

乐不可极，乐极生哀；

欲不可纵，纵欲成灾。

百年容易过，青春不再来。

欲寡精神爽，思多血气衰。

一头白发催将去，

万两黄金买不回。

略尝辛苦方为福，

不作聪明便是才。

终身疾病，

恒从新婚造起；

盖世勋猷，

多是老成建来。

见者易，学者难。

莫将容易得，便作待闲看。

万恶淫为首，百善孝为先。

妻贤夫祸少，子孝父心宽。

事亲须当养志，

爱子勿令偷安。

不求金玉重重贵，

但愿儿孙个个贤。

却愁前面无多路，

及早承欢向膝前。

祭而丰不如养之厚；

悔之晚何若谨于前。

花逞春光，

一番雨一番风，催归尘土；

竹坚雅操，

几朝霜几朝雪，傲就琅玕㊺。

言顾行，行顾言。

为事在人，成事在天。

伤人一语，痛如刀割。

杀人一万，自损三千。

击石原有火，逢仇莫结冤。

有容德乃大，无欲心自闲。

瓜田不纳履，李下不整冠㊻。

误处皆缘不学。

强作乃成自然。

将相顶头堪走马，

公侯肚内好撑船㊼。

贫不卖书留子读，

老犹栽竹与人看。

不作风波于世人，

但留清白在人间。

勿因群疑而阻独见，

勿任己意而废人言。

路逢险处，

为人辟一步周行，

便觉天宽地阔；

遇到穷时，

使我留三分抚恤，

自然理顺情安。

事有急之不白者，

宽之或自明，

勿操急以速其忿；

人有切之不从者，

纵之或自化，

勿操切以益其顽。

道路各别，养家一般。

逸态闲情，惟期自尚；

清标傲骨，不愿人怜。

他急我不急，人闲心不闲。

富人思来年，贫人顾眼前。

忙中多错事，醉后吐真言。

上山擒虎易，开口告人难。

不是撑船手，休要提篙竿。

好言一句三冬暖，

话不投机六月寒。

知音说与知音听，

不是知音莫与谈。

谗言败坏真君子，

美色消磨狂少年。

用心计较般般错，

退步思量事事难。

但有绿杨堪系马，

处处有路到长安。

人欲从初起处剪除，

如斩新刍，工夫极易，

若乐其便，而始为染指，

则深入万仞；

天理自乍见时充拓，

如磨尘镜，光彩渐增，

若惮其难，而稍为退步，

便远隔千山。

风息时，休起浪；

岸到处，便离船。

隐恶扬善，谨行慎言。

自处超然，处人蔼然。

得意欲然，失意泰然。

老当益壮，穷且益坚。

榜上名扬，篷门增色；

床头金尽，壮士无颜。

由俭入奢易，由奢入俭难。

少成若天性，习惯成自然。

自奉必须俭约，

宴客切勿留连。

枯木逢春犹再发，

人无两度再少年。

少而寡欲颜常好，

老不求官梦亦闲。

书有未曾经我读，

事无不可对人言。

兄弟叔侄，须分多润寡；

长幼内外，宜法肃词严。

一饭一粥，

当思来处不易；

半丝半缕，

恒念物力维艰。

人学始知道，不学亦徒然。

愚而好自用，贱而好自专。

有书真富贵，无事小神仙。

出岫孤云，去来一无所系；

悬空朗镜，妍丑两不相干。

劝君作福便无钱，

祸外临头使万千，

善恶关头休错认，

一失人身万劫难。

积德若为山，

九仞头休亏一篑；
容人须学海，
十分满尚纳百川。
为善最乐，为恶难逃。
养兵千日，用在一朝。
国清才子贵，家富小儿骄。
士为知己用，节不岁寒凋。
不因渔父引，怎得见波涛。
但知口中有剑，
不知袖里藏刀。
春蚕到死丝言尽，
恶语伤人恨难消。
入山不怕伤人虎，
只怕人情两面刀。
世间公道惟白发，
贵人头上不曾饶。
无求到处人情好，
不饮随他酒价高。
书画是雅事，
一贪痴便成商贾；
山林是胜地，
一营恋便成市朝。
情欲意识属妄心，

消杀得妄心尽，

而后真心现；

矜高倨傲是客气，

降伏得客气平，

而后正气调⑱。

因风吹火，用力不多。

光阴似箭，日月如梭，

吉人之辞寡，躁人之辞多。

黄金未为贵，安乐值钱多。

儿孙胜于我，要钱做甚么？

儿孙不如我，要钱做甚么？

会使不在家豪富，

风雅不用著衣多。

强中更有强中手，

恶人自有恶人磨。

知事少时烦恼少，

识人多处是非多。

世间好语书说尽，

天下名山寺占多。

积德百年元气厚，

读书三代雅人多。

上为父母，中为己身，

下为儿女，

做得清方了却平生事；
立上等品，为中等事，
享下等福，
守得定才是个安乐窝。
一念常惺，
才避得去神弓鬼矢；
纤尘不染，
方解得开地网天罗。
富贵是无情之物，
你看得他重，他害你越大；
贫贱是耐久之交，
你处得他好，他益你必多。
谦恭待人，忠孝传家。
不学无术，读书便佳。
男以女为室，女以男为家。
根深不怕风摇动，
表正何愁日影斜。
能休尘境为真境，
未了僧家是俗家。
成家犹如针挑土，
败家好似水推沙。
池塘积水堪防旱，
田地深耕足养家。

讲学不尚躬行，

为口头禅；

立业不思种德，

如眼前花。

一段不为的气节，

是撑天立地之柱石；

一点不忍的念头，

是生民育物之根芽。

早起三光，迟起三慌。

顺天者存，逆天者亡。

世路风波，炼心之境；

人情冷暖，忍性之场。

爽口食多终作疾，

快心事过心生殃。

汤武以谔谔⑭而昌，

桀纣以唯唯㊿而亡。

量窄气大，发短心长。

善必寿考，恶必早亡。

与治同道罔不兴，

与乱同事罔不亡。

富贵定要依本分，

贫穷不必枉思量。

福不可邀，

养喜神以为招福之本；

祸不可避，

去杀机以为远祸之方。

贪他一斗米，失却半年粮；

争他一脚豚，反失一肘羊。

不贪为宝，两不相伤。

画水无风偏作浪，

绣花虽好不闻香。

贫无达士将金赠，

病有高人说药方㊿。

三生有幸，一饭不忘。

见善如不及，见恶如探汤。

隐逸林中无荣辱，

道义路上泯炎凉。

秋至满山皆秀色，

春来无处不花香。

恶忌阴，善忌阳。

穷灶门，富水缸。

家贼难防，偷断屋粮。

坐吃如山崩，游嬉则业荒。

居身务期质朴，

训子要有义方。

富若不教子，钱谷必消亡；

贵若不教子，衣冠受不长。

能师孟母三迁㊁教，

定卜燕山五桂芳。

国有贤臣安社稷㊂，

家无逆子恼爹娘。

说话人短，记话人长。

平生只会说人短，

何不回头把己量。

言易招尤㊃，

对亲友少说两句；

书能化俗，

教儿孙多读几行。

施惠勿念，受恩莫忘。

刻薄成家，理无久享；

伦常乖舛，立见消亡。

触来莫与说，事过心清凉。

君子不可貌相，

海水不可斗量。

逢蒿之下，或有兰香；

茅茨之屋，或有公王。

一家饱暖千家怨，

万世机谋二世亡。

狐眠败砌，兔走荒台，

朱子家训增广贤文

尽是当年歌舞地；

露冷黄花，烟迷绿草，

悉为旧日争战场。

拨开世上尘氛，

胸中自无火炎水竞；

消去心中鄙吝，

眼前时有鸟语花香。

贫穷自在，富贵多忧。

既往不咎，覆水难收。

人无远虑，必有近忧。

勿临渴而掘井，

宜未雨而绸缪。

宁向直中取，不可曲中求。

驭横切莫逞气，

止谤还要自修。

忍得一时之气，

免得百日之忧。

是非只为多开口，

烦恼皆因强出头。

酒虽养性还乱性，

水能载舟亦覆舟。

克己者，遇事皆成药石；

尤人者，启口即是戈矛。

以直报怨,以义解仇。

庄敬日强,安肆日偷。

惧法朝朝乐,欺公日日忧。

晴天不肯去,只待雨淋头。

儿孙自有儿孙福,

莫与儿孙作马牛。

人生七十古来稀,

问君还有几春秋。

当出力处须出力,

得缩头时且缩头。

生年不满百,常怀千岁忧。

逢桥须下马,有路莫登舟。

路逢险处须当避,

事到头来不自由。

吴宫花草埋幽径,

晋代衣冠成古丘。

功名富贵若长在,

汉水亦应西北流。

青冢草深,万念尽同灰冷;

黄粱梦觉,一身都似云浮。

人平不语,水平不流。

便宜莫买,浪荡莫收。

不以我为德,反以我为仇。

有花方酌酒，无月不登楼。

人有三句硬话，

树有三尺绵头。

一家养女百家求，

一马不行百马忧。

深山毕竟藏猛虎，

大海终须纳细流。

到此如穷千里目，

谁知才上一层楼。

欲知世事须尝胆。

会尽人情暗点头。

受恩深处宜先退，

得意浓时便可休。

莫待是非来入耳，

从前恩爱反为仇。

贫家光扫地，贫女净梳头；

景色虽不丽，气度自优游。

器具质而洁，瓦缶胜金玉；

饮食约而精，园蔬愈珍馐。

无益世言休著口，

不干己事少当头。

留得五湖明月在，

不愁无处下金钩。

休向君子谄媚，

君子原无私惠；

休与小人为仇，

小人自有对头。

名利是缰锁，牵缠时，

逆则生憎，顺则生爱；

富贵如浮云，觑破了，

得亦不喜，失亦不忧。

上　韵

【原文】

若登高，必自卑；

若涉远，必自迩。

磨刀恨不利，刀利伤人指；

求财恨不多，财多终累己。

有福伤财，无福伤己。

病加于小愈，孝衰于妻子。

居视其所亲，达视其所举，

富视其所不为，

贫视其所不取。

知足常足，终身不辱；

知止常止，终身不耻。

君子爱财，取之有道；

小人放利，不顾天理。

悖入亦悖出，害人终害己。

人非善不交，物非义不取。

身欲出樊笼外，

心要在腔子里。

勿偏信而为奸所欺，

勿自任而为气所使。

差之毫厘，谬以千里。

使口不如自走，

求人不如求己。

为富兼为仁，愿生莫愿死。

人见白头嗔，我见白头喜。

多少少年亡，不到白头死。

贼是小人，智过君子。

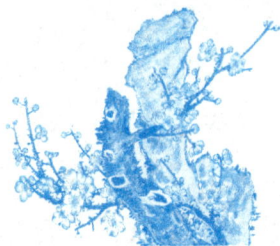

君子固穷,小人穷斯滥矣。

壁有缝,墙有耳。

好事不出门,恶事传千里。

之子不称服,奉身好华侈,

虽得市童怜,还为识者鄙。

天下无不是的父母,

世间最难得者兄弟。

青出于蓝而胜于蓝,

冰生于水而寒于水。

不痴不聋,不作阿姑阿翁;

得亲顺亲,方可为人之子。

外骨肉之变,

宜从容不宜激烈;

当家庭之衰,

宜惕厉不宜委靡。

是日一过,命亦随减。

务下学而上达,

毋舍近而趋远。

量入为出,凑少成多。

溪壑易填,人心难满。

用人与教人,二者却相反。

用人取其长,教人责其短。

打人莫伤脸,骂人莫揭短。

仕宦芳规清慎勤，

饮食要诀缓缓软。

水暖水寒鱼自知，

花开花谢春不管。

蜗牛角上校雌雄，

石火光中争长短。

留心学到古人难，

立脚怕随流俗转。

凡是自是，便少一是；

有短护短，更添一短。

洒扫废除，要内外整洁；

关锁门户，必亲自检点。

天下无难处之事，

只要两个如之何；

天下无难处之人，

只要三个必自反。

凡事要好，须问三老。

好问则裕，自用则小。

勿营华屋，勿作淫巧。

若争小可，便失大道。

但能依本分，终须无烦恼。

有言逆于汝心，必求诸道；

有言逊于汝志，

必求诸非道。

吃得亏，坐一堆；

要得好，大做小。

志宜高而心宜下，

胆欲大而心欲小。

学者如禾如稻，

不学者如蒿如草。

唇亡齿必寒，教弛富难保。

书中结良友，千载奇逢；

门内产贤郎，一家活宝。

一场闲富贵，

很很挣来，

虽得还是失；

百年好光阴，

忙忙过去，纵寿亦为夭。

事事有功，须防一事不终；

人人道好，须防一人著恼。

宁添一斗，莫添一口。

但求放心，休夸利口。

要学好人，须寻好友。

引醋若酸，那得好酒。

宁遭父母手，莫遭父母口，

狗不嫌家贫，儿不嫌母丑。

勿贪意外之财，

勿饮过量之酒。

进步便思退步，

著手先图放手。

不嫌刻鹄类鹜

只怕画虎成狗。

责善勿过高，当思其可从；

攻恶勿太严，要使其可受。

享现在之福如点灯，

随点则随灭；

培将来之福如添油，

愈添则愈久。

恩里由来生害，

碍意时须早回头；

败后或反成功，

拂心处莫便放手。

去　韵

多交费财，少交省用。

千里送毫毛，礼轻仁义重。

骨肉相残，煮豆燃箕⑤；

兄弟相爱，灼艾分痛⑥。

以身教者从，以言教者讼。

厚积不如薄取，

滥求不如减用。

一字入公门，九牛拖不出。

理字不多大，千人抬不动。

两人自是，

不反目稽唇不止，

只温语称他人一句好，

便有无限欢欣；

两人相非，

不破家亡身不止，

只回头认自己一句错，

便有无边受用。

和气致祥，乖气致戾。

玩人丧德，玩物丧志。

福至心灵，祸至心晦。

受宠若惊，闻过则喜。

创业固难，守成不易。

门内有君子，门外君子至；

门内有小人，门外小人至。

东海曾闻无定波，

北邙未肯留闲地。

趋炎虽暖，暖后更觉寒增；

食蔗能甘，甘余便生苦趣。

争名利，要审自己分量，

休眼热别个，

辄生嫉妒之心；

撑门户，要算自己来路，

莫步趋他人，

妄起挪扯之计。

家庭和睦，疏食尽有余欢；

骨肉乖违，珍馐亦减至味。

观过知仁，投鼠忌器⑰。

爱而知其恶，憎而知其善。

贫而无怨难，富而无骄易。

晴空看鸟飞，

流水观鱼跃，

识宇宙活泼之机；

霜天闻鹤唳，

雪夜听鸡鸣，

得乾坤清纯之气。

先学耐烦，切莫使气，

性躁心粗，一生不济。

举世好承奉，承奉非佳意。

不知承奉者，以尔为玩戏。

得时莫夸能，不遇休妒世。

物盛则必衰,有隆还有替⑤。

路径仄⑤处,留一步与人行;

滋味浓的,减三分让人嗜。

为人要学大,莫学小,

志气一卑污了,

品格难乎其高;

持家要学小,莫学大,

门面一弄阔了,

后来难乎其继。

争斗场中,

出几句清冷言语,

便扫除无限杀机;

寒微路上,

用一片赤热心肠,

遂培植许多生意。

一日为师,终身为父。

衣不如新,人不如故。

忍一言,息一怒;

饶一著,退一步。

三十不立,四十见恶,

五十相将寻死路。

爱儿不得爱儿怜,

聪明反被聪明误。

心去终须去,再三留不住。

非意相干,可以理遣;

横逆加来,可以情恕。

贫穷患难,亲戚相顾;

婚姻死丧,邻保相助。

亲者毋失其为亲,

故者毋失其为故。

得意不宜再往,

凡事当留余步。

宁使人讶其不来,

勿宁人厌其不去。

有生必有死,辇钱归辇路。

不怕无来处,只怕多去处。

务要见景生情,

切莫守株待兔。

丧家亡身,多言占了八分;

世微道替,百直曾无一遇。

得忍且忍,得耐且耐,

不忍不耐,小事变大。

事以密成,语以泄败。

相论逞英雄,家计渐渐退。

贤妇令夫贵,恶妇令夫败。

一人有庆,兆民永赖。

富贵家，且宽厚，

而反忌克，如何能享；

聪明人，宜敛藏，

而反炫耀，如何不败。

见怪不怪，怪乃自败。

一正压百邪，少见必多怪。

君子之交淡以成，

小人之交甘以坏。

视寝兴之早晚，

知人家之兴败。

寂寞衡茅观燕寝，

引起一段冷趣幽思；

芳菲园圃看蝶忙，

觑破几般尘情世态。

言中信，行笃敬。

君子安贫，达人知命。

惟圣罔念作狂，

惟狂克念作圣。

爱人者，人恒爱；

敬人者，人恒敬。

好讼之子，多致终凶；

积善之家，必有余庆。

损友敬而远，益友亲而近。

善与人交，久而能敬。

过则相规，言而有信。

贫士养亲，菽水承欢；

严父教子，义方是训。

不为昭昭信节，

不为冥冥堕行。

勤，懿行也，

君子敏于德义，

世人则借勤以济其贪；

俭，美德也，

君子节于货财，

世人则假俭以饰其吝。

欲临死而无挂碍，

先在生时事事看得轻；

欲遇变而无仓忙，

须向常时念念守得定。

识得破，忍不过；

说得硬，守不定。

笑前辙，忘后跌。

轻千乘，豆羹竞。

子有过，父当隐；

父有过，子当诤⑩。

木受绳则直，人受谏则圣。

良药苦口利于病，
忠言逆耳利于行。
家丑不可外传，
流言切莫轻信。
下情难于达上，
君子不耻下问。
芙蓉白面，
不过带肉骷髅；
美艳红妆，
尽是杀人利刀。
读书而寄兴于吟咏风雅，
定不深心；
修德而留意于名誉事功，
必无实证。
一人非之，便立不定，
只见得有是非，
何曾知有道理；
一人不知，便就不平，
只见得有得失，
何曾知有义命。
智生识，识生断，
当断不断，反受其乱。
人各有心，心各有见。

有盐同咸，无盐同淡。

人间私语，天闻若雷；

暗室亏心，神目如电。

一毫之恶，劝人莫作；

一毫之善，与人方便。

终身让路，不枉百步；

终身让畔，不失一段。

难舍亦难分，易亲亦易散。

口说不如身行，

耳闻不如目见。

只见锦上添花，

未闻雪里送炭。

传家二字耕与读，

防家二字盗与奸。

倾家二字淫与赌，

守家二字勤与俭。

作种种之阴功，

行时时之方便。

不汲汲于富贵，

不戚戚于贫贱。

素位而行，不尤不怨。

先达之人可尊也，

不可比媚；

权势之人可远也，

不可侮慢。

祖宗富贵，自诗书中来，

子孙享富贵而贱诗书；

祖宗家业，自勤俭中来，

子孙得家业而忘勤俭。

以孝律身，即出将入相，

都做得妥妥停停；

以忍御气，虽横祸飞灾，

也免脱千千万万。

善有善报，恶有恶报。

若有不报，日子未到。

水不紧，鱼不跳。

年年防饥，夜夜防盗。

祸福无门，惟人自召。

好义固为人所钦，

贪利乃为鬼所笑。

贤者不炫己之长，

君子不夺人所好。

受享过分，必生灾害之端；

举动异常，每为不祥之兆。

救既败之事，

如驭临岩之马，

休轻加一鞭；

图垂成之功，

如挽上滩之舟，

莫稍停一棹。

窗前一片浮青映白，

悟入处，尽是禅机；

阶下几点飞翠落红，

收捡来，无非诗料。

种麻得麻，种豆得豆，

天网恢恢，疏而不漏。

见官莫向前，做客莫在后。

会数而礼勤，物薄而情厚。

大事不糊涂，小事不渗漏。

内藏精明，外示浑厚。

佳人傅粉，谁识白刃当前；

螳螂捕蝉，岂知黄雀在后。

天欲祸人，

必先以微福骄之，

所以福来不必喜，

要看会受；

天欲福人，

必先以微祸儆之，

所以祸来不必忧，

要看会救。

入 韵

【原文】

算甚么命，问甚么卜。

欺人是祸，饶人是福。

鹪鹩巢林，不过一枝；

鼹鼠饮河，不过满腹。

大俭之后，必有大奢；

大兵之后，必有大疫。

天眼恢恢，报应甚速。

人欺不是辱，人怕不是福。

人亲财不亲，人熟礼不熟。

百病从口入，百祸从口出。

片言九鼎，一公百服。

点石化为金，人心犹未足。

不肯种福田，舍财如割肉。

临时空手去，徒向阎君哭。

积产遗子孙，子孙未必守；

积书遗子孙，子孙未必读。

莫把真心空计较，

惟有大德享百福。

不作无益害有益，

不贵异物贱用物。

谁人不爱子孙贤，

谁人不爱千钟粟，

奈五行不是这般题目。

恩宜自淡而浓，

先浓后淡者，

人忘其惠；

威宜自严而宽，

先宽后严者，

人怨其酷。

以积货财之心积学问，

则盛德日新；

以爱妻子之心爱父母，

则孝行自笃。

学须静，才须学。

非学无以广才，

非静无以成学。

行义要强，受谏要弱。

生于忧患，死于安乐。

闲时不烧香，急时抱佛脚。

不患老而无成，

只怕幼而不学。

咬得菜羹香，寻出孔颜⑥乐。

富贵如刀兵戈矛，

稍放纵便销膏靡骨而不知；

贫贱如针砭药石，

一忧勤即砥节砺行而不觉。

送君千里，终须一别。

不矜细行，终累大德。

亲戚不悦，无务外交；

事不终始，无务多业。

临难毋苟免，临财毋苟得。

气死莫告状，饿死莫做贼。

醉后思仇人，君子避酒客。

智者千虑，必有一失；

愚者千虑，必有一得。

千年田地八百主，

田是主人人是客。

良田不由心田置，

产业变为冤业折。

真士无心邀福，

天即就无心处牖其衷；

险人著意避祸，

天即就著意处夺其魄。

权贵龙骧，英雄虎战，

以冷眼观之，如蝇竞血，

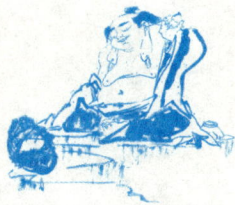

如蚁聚羶[62]；

是非蜂起，得失蝟兴，

以冷情当之，如冶化金，

如汤消雪[63]。

客不离货，财不露白。

谗言不可听，听之祸殃结。

君听臣遭诛，父听子遭灭。

夫妇听之离，兄弟听之别，

朋友听之疏，亲戚听之绝。

鬼神可敬不可谄，

冤家宜解不宜结。

人生何处不相逢，

莫因小怨动声色。

心思如青天白日，

不可使人不知；

才华如玉韫珠含，

不可使人易测。

性天澄澈，即饥餐渴饮，

无非康济身肠；

心地沉迷，纵演偈谈玄，

总是播弄精魄。

芝兰生于深林，

不以无人而不芳；

君子修其道德，

不为穷困而改节。

满招损，谦受益。

百年光阴，如驹过隙。

世事明如镜，前程暗似漆。

有麝自然香，何必当风立。

良田万顷，日食三餐；

大厦千间，夜眠八尺。

救生不救死，寄物不寄失。

人生孰不需财，

匹夫不可怀璧。

廉官保酌贪泉水，

志士不受嗟来食。

适志在花柳灿烂，

笙歌沸腾处，

那都是一场幻境界；

得趣于木落草枯，

声稀味淡中，

才觅得一些真消息。

圣贤言语，雅俗并集，

人能体此，万无一失。

【注释】

①农工与商贾，皆宜敦五伦：农，耕夫。工，有技艺的工人。商，商人，特指

行商。贾,指设肆售货的商人。敦,笃厚。五伦,《孟子·滕文公》:"人之有道也,饱食暖衣,逸居而无教,则近于禽兽,圣人忧之,使契为司徒,教以人伦,父子有亲,君臣有义,夫妇有别,长幼有序,朋友有信。"

②鸦有反哺之孝,羊有跪乳之恩:幼鸦有衔食反哺母鸦的情义,羊羔懂得跪下来接受母乳的恩情。

③莫待丁兰刻木祀:丁兰,孝人名。元朝郭居敬《二十四孝》载:"汉丁兰,幼丧父母,未得奉养,而思念劬劳之恩,刻木为像,事之如生。其妻久而不敬,以针刺其指,血出。木像见兰,眼中垂泪。兰问得其情,遂将妻弃之。"

④祇(zhī)缘花底莺声巧,遂使天边雁影分:缘,因为。莺声,比喻妻妾的巧言巧语。雁,比喻兄弟。只因为家里的妻妾的巧言挑拨,才使手足兄弟情意疏远。

⑤蓬户:草屋。

⑥结纳:结交。

⑦仪文:礼节。

⑧略:疏慢。

⑨群居守口,独坐防心:和大家一起生活的时候要言语谨慎,自己一个人独处时要收敛自己的心思。

⑩易涨易退山溪水,易反易覆小人心:山溪的水容易涨满也容易消退,小人的心容易变化,反复无常。

⑪镬(huò):油锅。

⑫北邙(máng):指北邙山。

⑬冢:坟墓。

⑭玉垒:即玉垒山。

⑮择婿观头角,娶女访幽贞:选择女婿时要看他是否顶平额宽,娶媳妇要观察她是否安静正派。

⑯朱门:富贵家。

⑰饿莩:饿死者。

⑱白屋:贫民家。

⑲公卿:三公六卿,指做大官。

⑳甲第:很大的宅第。

㉑胜概:盛大。

㉒绮罗:指穿绸缎衣服的人。

㉓薄技:手艺。

无障碍读国学

㉔千乘：古时一车四马为一乘，诸侯大国地方百里，出车千乘，称千乘之国。《孟子·梁惠王上》中有"千乘之国"之说。朱熹注："乘，车数。千乘之国，诸侯之国。"

㉕方寸：指心。

㉖遏(è)：止住。三大欲：即孔子所谓三戒，即戒色、戒斗、戒得。语出《论语·季氏》，孔子曰："君子有三戒：少之时，血气未定，戒之在色；及其壮也，血气方刚，戒之在斗；及其老也，血气既衰，戒之在得。"

㉗伐：自我夸耀。《史记·游侠列传》："既已存亡死生矣，而不矜其能，羞伐其德，盖亦有足多者焉。"

㉘不自是而露才，不轻试以悻(xìng)功：不要自以为是而显露自己的才华，不轻举妄动而侥幸邀功。悻，侥幸。

㉙煦：温暖。

㉚乏：缺乏，少。

㉛茕独：无依无靠的人。

㉜声妓晚景从良，半世之烟花无碍：乐妓晚年能够做一个贤良的妇人，以前的放荡生活也不会妨碍她晚年的生活。

㉝妍媸(yán chī)：美好和丑恶。欧阳修《洛阳牡丹图》诗："今花虽新我未识，未信与旧谁妍媸。"

㉞三省：省，反省。《论语·学而》："曾子曰：'吾日三省吾身：为人谋而不忠乎？与朋友交而不信乎？传不习乎？'"

㉟四知：《后汉书·杨震传》："王密为昌邑令，谒见。至夜，怀金十斤以遗震。震曰：'故人知君，君不知故人，何也？'密曰：'暮夜无知者。'震曰：'天知，神知，我知，子知，何谓无知？'密愧而出。"

㊱"进德修业……便堕危机"句：一个进修德业追求真理的人，必须要有像木石般坚定不移的意志，如果一旦自夸自擂，便会掉入欲念的境地；一个济助世人治理国家的人，必须有像行脚僧那样淡泊名利的志趣，如果一旦有了贪恋之心，便会掉入危险境地。云水：禅称行脚僧为云水，无挂无碍，有如行云流水一般。

㊲穿窬(yú)：挖墙洞，指行窃。《论语·阳货》："色厉而内荏，譬诸小人，其犹穿窬之盗也与！"

㊳炮:用火烤。

㊴箸:筷子。

㊵齑:切成细末的腌菜。

㊶殂(cú):死。

㊷端:正。蒙:蒙童。《小学》:书名。宋朱熹、刘子澄编。共六卷,分内外篇。内篇包括《立教》《明伦》《敬身》和《稽古》,外篇包括《嘉言》和《善行》。初:开始。

㊸乖:巧。

㊹呆:痴愚。

㊺琅玕(gān):传说中的珠树。江淹《杂体诗·嵇中散言志》:"朝食琅玕实,夕饮玉池津。"

㊻瓜田不纳履,李下不整冠:经过瓜田不要弯身提鞋子,走在李树下,不要举手弄帽子。比喻避免招惹怀疑。

㊼将相顶头堪走马,公侯肚内好撑船:将军、宰相、公侯的心胸是很宽阔的,就好像他们的头顶可以跑马,肚里面可以撑船一样。

㊽"情欲意识属妄心,……而后正气调"句:所有的七情六欲的意念活动都是妄想的,如果能够完全消除这些扰人的妄念,真正的本心就会显现。心高气傲自以为不同凡响的人,其实都是利用矫饰的言行来虚张声势,如果能够制伏这股浮夸的邪气,心中的浩然正气就可以伸张出来。

㊾谔谔(è):直言争辩的样子。《史记·商君列传》:"千夫之诺诺,不若一士之谔谔。"

㊿唯唯:随顺而行的样子。《诗·齐风·敝笱》:"敝笱在梁,其鱼唯唯。"

51贫无达士将金赠,病有高人说药方:贫穷时没有富人赠送金钱,但病了却有高人告诉药方。

52三迁:指孟母三迁。相传孟子幼年因住处靠近墓地,嬉游时"为墓间之事",孟母遂迁至街市附近,又学"为贾人衒卖之事",再迁至学宫旁,"乃设俎豆揖让进退,孟母曰:'真可以居吾子矣。'遂居之。"

53社稷(jì):古代帝王、诸侯所祭的土神和谷神。《白虎通·社稷》:"王者所以有社稷何?为天下求福报功。人非土不立,非谷不食。土地广博,不可遍敬也;五谷之多,不可一一祭也。故立稷而祭之也。”旧时用作国家的代称。

(54)尤：抱怨，指责，责怪。《论语·宪问》：“不怨天，不尤人。”

(55)煮豆燃萁：三国魏文帝曹丕想害弟弟曹植，让他在七步之内写出一首诗来，否则就杀了他。曹植立即吟道：“煮豆燃豆萁，豆在釜中泣。本是同根生，相煎何太急。”曹丕看了之后，很感动，就放过了他。萁是豆荚。

(56)灼艾分痛：《宋史·太祖纪三》：“太宗尝病亟，帝（宋太祖）往视之，亲为灼艾。太宗觉痛，常亦取艾自灸。”后因以“灼艾分痛”比喻兄弟友爱。

(57)投鼠忌器：用东西掷老鼠，又怕打坏旁边器物。比喻有顾虑，想干而不敢干。西汉贾谊《治安策》：“里谚曰：‘欲投鼠而忌器。’此善喻也。鼠近于器，尚惮不投，恐伤其器，况于贵臣之近主乎？”

(58)替：衰颓，衰落。《晋书·慕容暐载记》：“风颓化替。”

(59)仄：窄，狭窄。王维《山中与裴秀才迪书》：“步仄径，临清池。”

(60)子有过，父当隐；父有过，子当诤（zhèng）：儿子有错误，父亲应当教而不扬；父亲有错误，儿子应当进谏。

(61)孔颜：孔，指孔子。颜，指颜渊。

(62)“权贵龙骧（xiāng）……如蚁聚羶（shān）”句：有权势的达官贵人，像龙飞一般表现其气概和威武；有力量的英雄好汉，如虎相斗一决胜负，如果冷眼旁观，他们就同蚂蚁被膻腥味道引诱在一起，像苍蝇为争血腥聚集在一起，同样令人感到恶心。

(63)“是非蜂起……如汤消雪”句：是非成败宛如群蜂飞舞一般纷乱，穷通得失宛如刺猬竖起的毛针一样密集，其实用冷静的头脑来观察，就如同金属熔液注入了模型自然会冷却，又如同雪花碰到热汤立刻会融化。

百 忍 成 金

什么事情看不通，
做成样子气冲冲。
无端白事心火动，
是否想做化骨龙。
有事不妨慢慢讲，
何须怒气在心中。
事情总会有解决，
不要弄到面红红。
若果嬲怀条中气，
赚得春去买鹿茸。
君子不吃眼前亏，
要把身体来保重。
记住百忍便成金，
做人无须太冲动。
凡事应以和为贵，
感情大可以交通。
四海之内皆兄弟，
无谓冰炭不相容。
爱字能解万种仇，
莫把仇恨来深种。
大事若能化小事，
小事很快便无踪。

只要一人让一步，
大家心里乐融融。
表现自己的大量，
才是真正有威风。
能有修养谓之勇，
处世温柔最有用。
顾全大家的体面，
日后定有好相逢。
平心静气想一想，
安静令人百事通。
水落自然见石出，
名气争来过眼空。
试问谁人没有错？
可容人处且相容。
谅解对方的过失，
赢得对方深感动。
山水也有相逢日，
人生何处不相逢。

莫 烦 恼

人生百年古来稀，
帝王此关也难免。
金山银山有虽好，
转眼也就全没了。

争名夺利真俗气，
逞强好胜终恶报。
红尘俗事再热闹，
还是匆匆走一回。
世间道理即明白，
莫怨岁月催人老。
尔观尘世什是好，
友情亲情最可靠。
心平气和走正道，
先爱自己莫烦恼。

成 功 之 路

日出要起身，早起就精神。
欲达成功路，先不做懒人。
懒惰终穷困，没有幸福存。
等于将珠宝，抛落大海沉。
做人有计划，光芒万丈升。
须知生意义，不白度光阴。
一年计于今，一世在于勤。
绝不交白卷，幸福要追寻。
现时好机会，快点下决心。
不轻看自己，刻苦功必成。
从今要发奋，尽现你所能。
别人虽五两，自己有半斤。

世上无难事，在乎有信心。
还须德行好，努力便成金。
凡事皆可达，足智没苦辛。
有谋又有勇，苦干见精神。
只要能吃苦，意志先要坚。
哪怕风雨阻，功成愉身心。
小心和谨慎，勿让志气沉。
一雷天下响，不负有心人。

劝世文

【孝顺父母篇】

父母恩情似海深，
人生莫忘父母恩。
生儿育女循环理，
世代相传自古今。
为人子女要孝顺，
不孝之人罪逆天。
家贫才能出孝子，
鸟兽尚知哺乳恩。
父子原是骨肉亲，
爹娘不敬敬何人？
养育之恩应图报，
望子成龙白费心。

【夫妇好合篇】

男子休嫌妻貌丑，
妇人不怨夫家贫。
贫穷富贵皆由命，
夫妇相处要真诚。
刚柔相济两相安，
和气家中少祸端。
同甘共苦好度日，
清贫亦觉有温暖。
夫妻本是前世缘，
珍惜短促好时光。
夫妇如宾互尊敬，
百年连理实非易。

【姑嫂和睦篇】

妇人口舌须提防，
枕边是非起祸殃。
姑嫂不和家必败，
公婆恼怒暗心伤。
做人姑嫂要善良，
家丑不可对外扬。
姑嫂之间要礼让，
且莫小事争短长。
细察是非防口舌，
三从四德不可忘。
先圣先贤作教训，

妇道守口莫伤人。

【兄弟相爱篇】

兄弟本是同根生，
莫因小事起争论。
手足之情诚可贵，
万事皆念骨肉亲。
人生难得兄弟爱，
同心协力变成金。
谦让尊敬情意长，
天伦之乐喜洋洋。
为人当效孔让梨，
桃园结义刘关张。
上山打虎亲兄弟，
历代相传美名留。

【朋友信义篇】

朋友相交宜谨慎，
狼群狗党莫相亲。
休因酒肉为知己，
急难不扶反笑贫。
结交朋友应信实，
日久才能知人心。
患难之时相爱顾，
萍水相逢难知情。
锦上添花人人有，
雪中送炭世间无。

四海之内皆兄弟，
留心择友益无穷。

【劝人劝俭篇】

苦尽甘来是古训，
莫为偷闲误自身。
克勤克俭是美德，
懒惰成性人唾弃。
为人当惜好光阴，
勤能补拙是例证。
信实待人人看重，
自欺欺人事无成。
求人像吞三寸剑，
勤俭节用莫求人。
家中虽有万贯财，
不知节俭亦枉然。

家 格 言

记住家和万事兴，
无须终日口不停。
爱惜我们小天地，
永远充满着太平。
相亲相爱同相敬，
家庭才会有温馨。
谦虚人人都仰慕，
礼让个个受欢迎。
爱护家庭如爱己，
不妨坦白与忠诚。
齐心合力来做事，
这样才算是生性。
如果时常多吵闹，
大家心里没安宁。
凡事应要留余地，
幸福然后有时倾。
互相信任为至上，
心里不要藏阴影。
做人带点人情味，
不可对人冷冰冰。
一点笑容最可爱，
家里立时见光明。

热情买得人感动，
印象难忘在心声。
家务需要勤料理，
物品安放要整齐。
保持地方常洁净，
才有快乐的心境。
头脑一定要冷静，
理智时刻要清醒。
事前最好有准备，
不可临渴而掘井。
生活若然是清苦，
个人内心要安静。
忍耐任由风雨过，
守得云开见月明。
生平不做亏心事，
半夜敲门也不惊。
大家安分来过日，
自然福祉在心灵。

人生十四最

人生最大的敌人是自己；
人生最大的失败是自大；
人生最大的无知是欺骗；
人生最大的悲哀是嫉妒；

人生最大的错误是自弃；
人生最大的罪过是自欺欺人；
人生最可怜的性情是自卑；
人生最可佩服的是精进；
人生最大的破产是绝望；
人生最大的财富是健康；
人生最大的债务是人情债；
人生最大的礼物是宽恕；
人生最大的欠缺是顿悟；
人生最大的欣慰是布施。

知 足 常 乐

人生原无病，
不少因自作。
想想病疾苦，
无病即是福。
想想饥寒苦，
温饱即是福。
想想生活苦，
达观即是福。
想想世乱苦，
平安即是福。
想想牢狱苦，
安分即是福。
莫羡人家生活好，

还有人家比我差。
莫叹自己命运薄，
还有他人比我恶。
为非作歹内疚苦，
多愁多虑病来磨。
行善积德福泽多，
吉人自有天相助。
为人在世一生中，
无病无灾应知足。
烦恼都因想不开，
忧愁只为看不破。
本是长寿人，
自使命短促。
奉劝世间人，
知足便常乐。

十穷十富

【十穷】

一、只因放荡不经营，渐渐穷；

二、钱财浪费手头松，容易穷；

三、朝朝睡到日头红，邋遢穷；

四、家有田地不务农，懒惰穷；

五、结交豪官做亲翁，攀高穷；

六、好打官司逞英雄，门气穷；

七、借债纳利妆门风，自弄穷；

八、妻奴懒惰子飘蓬，命当穷；

九、子孙结交不良朋，局骗穷；

十、好赌贪花捻酒钟，彻底穷。

【十富】

一、不辞辛苦走正路，勤俭富；

二、买卖公平多主顾，忠厚富；

三、听得鸡鸣离床铺，当心富；

四、手脚不停理家务，终久富；

五、当防火盗管门户，谨慎富；

朱子家训增广贤文

六、不去为非犯法度，守分富；

七、合家大小相帮助，同心富；

八、妻儿贤慧无欺妒，帮家富；

九、教训子孙立门户，后代富；

十、存心积德天加护，为善富。

家和万事兴

将相和国富强，

家人和业必兴，

夫妻协力山成玉，

婆媳同心土变金，

妻贤夫祸少，

子孝父心宽，

老爱小，少敬老，

和睦堂里福寿广。
和气家中人人夸,
孔子云:"和为贵,和为福也。"

莫 生 气

人生就像一场戏,
因为有缘才相聚。
相扶到老不容易,
是否更该去珍惜。
为了小事发脾气,
回头想想又何必。
别人生气我不气,
气出病来无人替。
我若气死谁如意,
况且伤神又费力。
邻居亲朋不要比,
儿孙琐事由他去。
吃苦享乐在一起,
神仙羡慕好伴侣。

朱子家训增广贤文